园林景观CAD
绘图技巧快速提高

谭荣伟 等编著 <<<

第2版
The Second Edition

化学工业出版社

·北京·

《园林景观 CAD 绘图技巧快速提高》（第二版）以 AutoCAD 新版简体中文版本（AutoCAD 2018 版本）作为设计软件平台，精选园林景观及相关专业 AutoCAD 绘图操作中各种高级绘图与编辑修改技巧和实用方法，包括从绘图系统设置到图形文件操作技巧，从图形绘制到编辑修改技巧，从图形尺寸文字标注技巧到图形转换输出及打印技巧、园林景观绘图设计实例技巧强化等，是 CAD 绘图各种高级技巧与方法的大揭秘和全面展示。通过学习本书，可以极为有效地提高 AutoCAD 绘图技能，快速掌握 AutoCAD 绘图精华。为了方便学习，本书各个章节讲解案例 CAD 图形提供网络下载使用。

本书非常适合有一定 AutoCAD 绘图操作知识的园林景观工程相关人员，包括园林专业、园林景观专业、城市规划专业、园林植物与观赏园艺设计、风景园林规划与设计、环境艺术设计、园林施工管理、园林工程监理、公园及旅游规划等相关专业设计师与技术人员学习使用，也可以作为高等院校、职业技术学院、成人教育和自考等学校相关专业师生的教学、自学图书以及社会相关领域快速提高 CAD 操作技能的培训教材。

图书在版编目（**CIP**）数据

园林景观 CAD 绘图技巧快速提高 / 谭荣伟等编著.
2 版. —北京：化学工业出版社，2018.8
ISBN 978-7-122-32409-2

Ⅰ. ①园… Ⅱ. ①谭… Ⅲ. ①景观-园林设计-计算机辅助设计-AutoCAD 软件 Ⅳ. ①TU986.2-39

中国版本图书馆 CIP 数据核字（2018）第 130934 号

责任编辑：袁海燕

责任校对：边 涛　　　　　　　　　　　装帧设计：刘丽华

出版发行：化学工业出版社（北京市东城区青年湖南街 13 号　邮政编码 100011）
印　　装：北京市白帆印务有限公司
787mm×1092mm　1/16　印张 15　字数 386 千字　2018 年 9 月北京第 2 版第 1 次印刷

购书咨询：010-64518888（传真：010-64519686）　售后服务：010-64518899
网　　址：http：// www.cip.com.cn
凡购买本书，如有缺损质量问题，本社销售中心负责调换。

定　　价：68.00 元

CAD

《园林景观 CAD 绘图技巧快速提高》自出版以来，由于其切合园林景观设计及其实际应用情况，操作精要实用、技巧丰富、易于掌握应用、针对性强，深受广大读者欢迎和喜爱。

基于计算机信息技术的迅猛发展及"互联网+"的不断创新，园林景观设计及管理技术的不断发展；CAD 软件也不断更新换代，功能不断完成。第一版中的部分内容也需要相应更新调整或补充，以适应目前 CAD 软件新技术操作的实际情况和真实需要。为此本书作者根据最新的 CAD 软件版本，对该书进行了适当更新与调整，既保留了原书的切合实际、简洁实用、内容丰富等特点，又使得本书从内容上保持与时俱进，形式上图文并茂，操作上更加实用。主要修改及调整内容包括：

- 按照新版 AutoCAD 2018 软件进行相关操作功能及命令讲述等内容的调整及更新，使得本书对不同版本的 AutoCAD 软件具有更强的通用性和灵活的适用性，即可以作为各个版本的学习参考教材（如早期的 2004、2012、2016 版本）。
- 增加补充了部分 CAD 园林景观绘图及编辑修改技巧内容。

本书通过"互联网+"分享功能，提供书中各章讲解案例的 CAD 图形文件，读者随时登录书中提供的网址下载学习使用，更加快捷便利。

本书以 AutoCAD 新版简体中文版本（AutoCAD 2018 版本）作为设计软件平台，精选园林景观及相关专业 AutoCAD 绘图操作中各种高级绘图与编辑修改技巧和实用方法，这些 CAD 操作技巧例例精彩，招招实用，有的可能还是"独门秘籍"；这些技能及方法也可能是课堂上学不到，网上搜不到，熟人教不了的。

《园林景观 CAD 绘图技巧快速提高》（第二版）由作者精心构思、认真撰写，是作者多年实践经验的总结，注重理论与实践相结合，示例丰富、实用性强、叙述清晰、通俗易懂、使用和可操作性强，更适合实际园林景观专业人员学习 CAD 绘图时使用，是一本真正指导提高 CAD 绘图技能的参考书。

通过学习，掌握本书绘图技巧与方法，AutoCAD 绘图技能将会突飞猛进，真正实现质的飞跃，快速从 AutoCAD 绘图"菜鸟"蜕变成为 AutoCAD 绘图高手。此外，本书可以结合化学工业出版社出版的《建筑结构 CAD 绘图快速入门》一书进行学习。

本书非常适合有一定 AutoCAD 绘图操作知识的园林景观工程相关人员学习使用，也可作为高等院校、培训学校的教材。

本书主要由谭荣伟组织修改及编写，李淼、王军辉、许琢玉、卢晓华、黄冬梅、谭斌华、苏月风、许鉴开、谭小金、李应霞、赖永桥、潘朝远、孙达信、黄艳丽、杨勇、余云飞、卢芸芸、黄贺林、许景婷、吴本升、黎育信、黄月月、韦燕姬、罗尚连、卢橦橦、谭清华、黄子元等参加了相关章节编写。由于编著者水平有限，虽然经过再三勘误，仍难免有纰漏之处，欢迎广大读者予以指正。

编著者
2018 年·夏

园林景观工程即在一定的地段范围内，利用并改造天然山水地貌或者人为地开辟山水地貌，结合植物的栽植和建筑的布置，从而构成一个供人们观赏、游憩、居住的环境。园林包括庭园、宅园、小游园、花园、公园、植物园、动物园等，随着园林学科的发展，还包括森林公园、广场、街道、风景名胜区、自然保护区或国家公园的游览区以及休养胜地。园林建设与人们的审美观念、社会的科学技术水平相依托，它更多地凝聚了当时当地人们对现在或未来生存空间的一种向往。在当代，园林选址已不拘泥于名山大川、深宅大府，而广泛建置于街头、交通枢纽、住宅区、工业区以及大型建筑的屋顶，使用的材料也从传统的建筑用材与植物扩展到了水体、灯光、音响等综合性的技术手段。根据不同的划分角度，园林可分为不同类别：以历史来区分有古典园林与现代园林；以地域来区分有中国园林与西方园林；以规模来区分有森林园林、城市园林和庭园；以功能来区分有综合园林、动物园、植物园、儿童公园和城市绿地等。

早期的园林景观图纸绘制主要是手工绘制，绘图的主要工具和仪器有绘图桌、图板、丁字尺、三角板、比例尺、分规、圆规、绘图笔、铅笔、曲线板和建筑模板等。随着计算机及其软件技术的快速发展，在现在的工程设计中，设计图纸的绘制都已经数字化，几乎很少使用图板、绘图笔和丁字尺等工具手工绘制图纸。现在基本使用台式计算机或笔记本进行图纸绘制，然后使用打印机或绘图仪输出图纸。

计算机硬件技术的飞速发展，使更多更好、功能强大全面的工程设计软件得到更为广泛的应用，其中 AutoCAD 无疑是比较成功的典范。AutoCAD 是美国 Autodesk（欧特克）公司的通用计算机辅助设计（Computer Aided Design，CAD）软件，AutoCAD R1.0 是 AutoCAD 的第一个版本，于 1982 年 12 月发布。AutoCAD 至今已进行了十多次的更新换代，包括 DOS 版本 AutoCAD R12、Windows 版本 AutoCAD R14～2009、功能更为强大的 AutoCAD 2010～2013 版本等，在功能、操作性和稳定性等诸多方面都有了质的变化。凭借其方便快捷的操作方式、功能强大的编辑功能以及能适应各领域工程设计多方面需求的功能特点，AutoCAD 已经成为当今工程领域进行二维平面图形绘制、三维立体图形建模的主流工具之一。

本书以 AutoCAD 最新简体中文版本（AutoCAD 2013 版本）作为设计软件平台，精选园林景观及相关专业 AutoCAD 绘图操作中各种高级绘图与编辑修改技巧和实用方法，均为作者操作实践经验的总结，目的是为更多 AutoCAD 使用者学习掌握更多更全的操作技能提供参考，拓宽 AutoCAD 室内装修设计绘图操作视野，真正做到轻松学习，快速使用，全面提高的目的。由于 AutoCAD 大部分绘图功能命令是基本一致或完全一样的，因此本书也适合 AutoCAD 2013 以前版本（如 AutoCAD 2004～2012）或 AutoCAD 2013 以后更高版本的学习。

书中所述园林景观及相关专业 AutoCAD 绘图操作中各种高级绘图与编辑修改技巧和实用方法，包括从绘图系统设置到图形文件操作技巧，从图形绘制到编辑修改技巧，从图形文字尺寸标注技巧到图形转换输出及打印技巧、园林景观绘图设计实例技巧强化等，是园林景观 CAD 绘图各种高级技巧与方法的大揭秘和全面展示,这些技巧例例精彩,招招实用,有的还是独门秘籍,是 CAD 绘图强力利器;这些技能及方法也可能课堂学不到,网上搜不到,熟人教不了。通过本书学习,可以帮助学习者极为有效地提高 AutoCAD 绘图技能,快速掌握 AutoCAD 绘图精华,许多绘图困惑或许会迎刃而解。掌握本书所述园林景观专业 AutoCAD 绘图技巧与方法,将会使得学习者的园林景观 AutoCAD 绘图技能突飞猛进,真正实现质的飞跃,快速从 AutoCAD 绘图菜鸟蜕变成为 AutoCAD 绘图高手。

本书由作者精心构思和认真撰写,是作者多年实践经验的总结,注重理论与实践相结合,示例丰富、实用性强、叙述清晰、通俗易懂,保证了本书实用和可操作性强,是一本真正指导提高 CAD 绘图技能的参考书。本书非常适合有一定 AutoCAD 绘图操作知识的园林景观工程相关人员(包括园林专业、园林景观专业、城市规划专业、园林植物与观赏园艺设计、风景园林规划与设计、环境艺术设计、园林施工管理、园林工程监理、公园及旅游规划等相关专业设计师与技术人员)快速提高园林景观设计图纸 AutoCAD 绘制水平和技能的实用指导用书,也可以作为高等院校、职业技术学院、成人教育和自考等学校相关专业师生的教学、自学图书以及社会相关领域快速提高 CAD 操作技能的培训教材。对于没有 AutoCAD 绘图操作知识的读者,可以结合化学工业出版社出版的《园林专业 CAD 绘图快速入门》一书,同样可以做到快速入门掌握 CAD 绘图方法,并快速提高 CAD 绘图技能,一举两得。

本书主要由谭荣伟负责内容策划和组织编写,谭荣伟、李淼、雷隽卿、黄仕伟、王军辉、许琢玉、卢晓华、黄冬梅、苏月风、许鉴开、谭小金、李应霞、赖永桥、潘朝远、孙达信、黄艳丽、杨　勇、余云飞、卢芸芸、黄贺林、许景婷、吴本升、黎育信、黄月月、韦燕姬、罗尚连等参加了相关章节编写。由于编者水平有限,虽然经过再三勘误,但仍难免有纰漏之处,欢迎广大读者予以指正。

编著者

2013 年 4 月

目录

第 4 章　园林 CAD 图形修改技巧快速提高 　　　70

第 **1** 章

园林 CAD 绘图设置技巧快速提高

本章主要介绍使用 AutoCAD 进行园林绘图操作中，其绘图界面及环境参数设置的一些操作技巧，以通过参数设置优化，有效提高园林 CAD 绘图效率和基本技能。本书可以结合化学工业出版社出版的《园林景观 CAD 绘图快速入门》一书进行学习。

对于学习园林 CAD 绘图，学习者不要害怕操作出错而不敢动手，要敢于去尝试，具体真实地感受操作的特点和要领。园林 CAD 绘图技巧的掌握在于多练习，多操作，熟能生巧。

特别说明：本书所讲述的 CAD 操作技巧，大部分是基于稍高版本如 AutoCAD 2018 版本进行讲解的。由于各个版本 AutoCAD 基本功能命令和参数变量基本一致的，因此大部分 CAD 绘图技巧是通用的。其他版本可以参照设置进行学习和应用，对于版本相近的高版本（如 AutoCAD 2010～2017 等）大部分功能操作基本是一致的，只是少数功能命令有所增加，而对于版本相差稍大的低版本（如 AutoCAD 2004～2009 版本或 AutoCAD R14 版本），可能有的功能或技巧操作因 CAD 版本低，有较多功能命令还不具备，但不妨也了解学习一下，俗话说"技不压身"。

注：图中箭头符号" "表示操作顺序，后同此。

1.1 F1～F12 按键园林 CAD 绘图操作快捷功能使用技巧

⊙ 技巧内容

AutoCAD 系统设置了一些键盘上的 F1～F12 键功能，其各自功能作用如下：

（1）F1 键

按下 F1 键，AutoCAD 提供帮助窗口，可以查询功能命令、操作指南等帮助说明文字。

注意，从 AUTOCAD 2014 版本开始，AutoCAD 的帮助功能文件（AutoCAD 2014～2018 脱机帮助，AutoCAD 2014～2018 Offline Help）需要单独下载安装（下载位置：www.autodesk.com.cn 网站），安装后如没有安装在 AutoCAD 2014～2018 软件默认的 HELP 目录下，则需要添加相应的文件路径。打开"工具—选项—文件"对话框中的"帮助和其他文件名"可以看到其存放位置，见图 1.1。

（a）AutoCAD 2018 脱机帮助单独安装

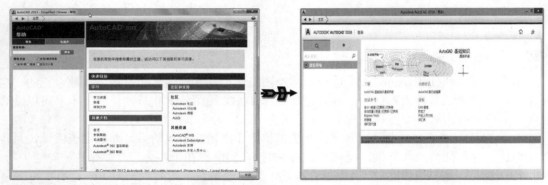

（b）AutoCAD 2013 和 AutoCAD 2018 帮助文件

图 1.1　F1 键功能

（2）F2 键

按下 F2 键，AutoCAD 弹出显示命令文本窗口，可以查看操作命令历史记录过程。在该窗口中可以对命令及提示进行复制操作。如图 1.2 为弹出不同版本的显示命令文本窗口。

（a）低版本显示效果（如 AutoCAD 2014）　　　（b）高版本显示效果（如 AutoCAD 2018）

图 1.2　"F2"键功能显示文本窗口

（3）F3 键

开启、关闭对象捕捉功能。按下 F3 键，AutoCAD 控制绘图对象捕捉进行切换。按一下 F3 键，关闭对象捕捉功能，再按一下，则启动对象捕捉功能。打开"工具"下拉菜单，选择 "绘图设置"选项，再在"草图设置"对话框中选择相应的功能项目即可进行设置。见图 1.3。

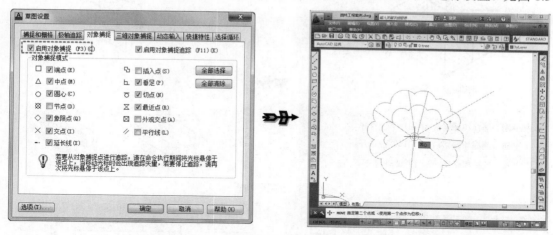

图 1.3　F3 键功能

（4）F4 键

开启、关闭三维对象捕捉功能。打开"工具"下拉菜单，选择"绘图设置"选项，再在 "草图设置"对话框中选择相应的功能项目即可进行设置。见图 1.4。

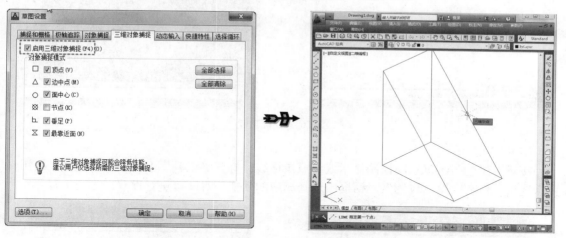

图 1.4　F4 键功能

（5）F5 键

按下 F5 键，AutoCAD 提供切换等轴测平面不同视图，包括等轴测平面俯视、等轴测平面右视、等轴测平面左视。这在绘制等轴测图时使用。见图 1.5。

（6）F6 键

按下 F6 键，AutoCAD 控制开启或关闭动态 UCS 坐标系。这在绘制三维图形使用 UCS 时用。见图 1.6。

命令: UCS

当前 UCS 名称: *没有名称*

指定 UCS 的原点或 [面(F)/命名(NA)/对象(OB)/上一个(P)/视图(V)/世界(W)/X/Y/Z/Z

轴(ZA)] <世界>:

指定 X 轴上的点或 <接受>:

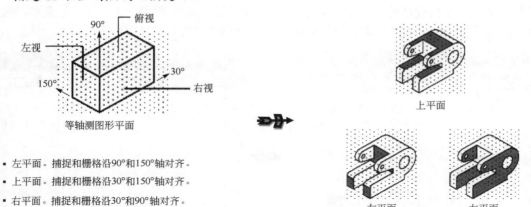

- 左平面。捕捉和栅格沿90°和150°轴对齐。
- 上平面。捕捉和栅格沿30°和150°轴对齐。
- 右平面。捕捉和栅格沿30°和90°轴对齐。

图 1.5　F5 键功能

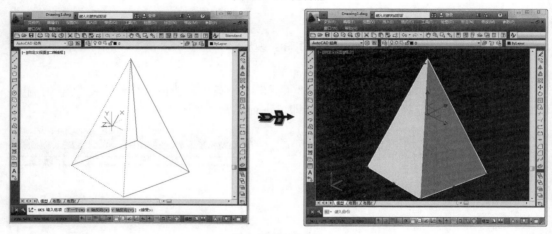

图 1.6　F6 键功能

（7）F7 键

按下 F7 键，AutoCAD 控制显示或隐藏栅格线。打开"工具"下拉菜单，选择"绘图设置"选项，再在"草图设置"对话框中选择相应的功能项目即可进行设置。见图 1.7。

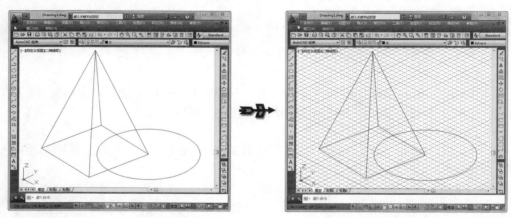

图 1.7　F7 键功能

（8）F8 键

按下 F8 键，AutoCAD 控制绘图时图形线条是否为水平／垂直方向或倾斜方向，称为正交模式控制。见图 1.8。

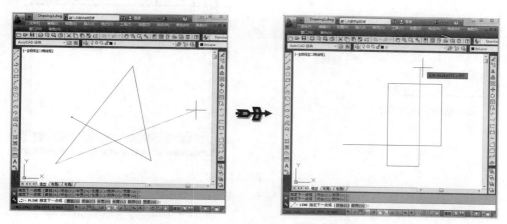

图 1.8　F8 键功能

（9）F9 键

按下 F9 键，AutoCAD 控制绘图时通过指定栅格距离大小进行捕捉。与 F3 键不同，F9 键控制捕捉位置是不可见矩形栅格距离位置，以限制光标仅在指定的 X 和 Y 间隔内移动。打开或关闭此种捕捉模式，可以通过单击状态栏上的"捕捉模式"、按 F9 键或使用 SNAPMODE 系统变量，来打开或关闭捕捉模式。打开"工具"下拉菜单，选择"绘图设置"选项，再在"草图设置"对话框中选择相应的功能项目即可进行设置。见图 1.9。

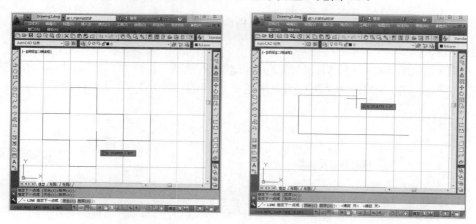

图 1.9　F9 键功能

（10）F10 键

按下 F10 键，AutoCAD 控制开启或关闭极轴追踪模式（极轴追踪是指光标将按指定的极轴距离增量进行移动）。打开"工具"下拉菜单，选择"绘图设置"选项，再在"草图设置"对话框中选择相应的功能项目即可进行设置。见图 1.10。

（11）F11 键

按下 F11 键，AutoCAD 控制开启或关闭对象捕捉追踪模式。打开"工具"下拉菜单，选择"绘图设置"选项，再在"草图设置"对话框中选择相应的功能项目即可进行设置。见

图 1.11。

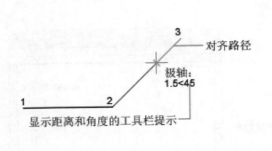

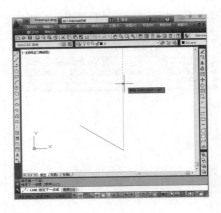

图 1.10　F10 键功能

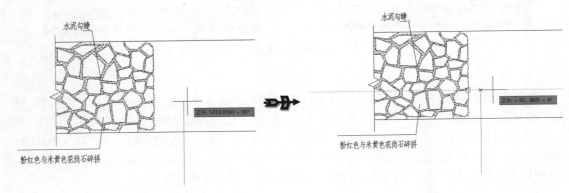

图 1.11　F11 键功能

（12）F12 键

按下 F12 键，AutoCAD 控制开启或关闭动态输入模式。打开"工具"下拉菜单，选择"绘图设置"选项，再在"草图设置"对话框中选择相应的功能项目即可进行设置。见图 1.12。

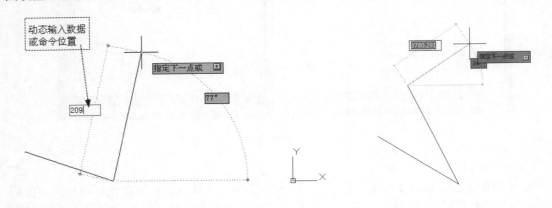

图 1.12　F12 键功能

➡ 技巧操作

要使用按键（F1～F12 键）的相应功能，在绘图操作中直接按下相关按键（F1～F12 键）

即可执行该按键的功能。

1.2 园林 CAD 绘图屏幕坐标系显示设置技巧

技巧内容

根据需要，可以关闭或打开当前 CAD 屏幕的 UCS 坐标系图标显示，同时可以修改 UCS 图标的大小和颜色。见图 1.13。

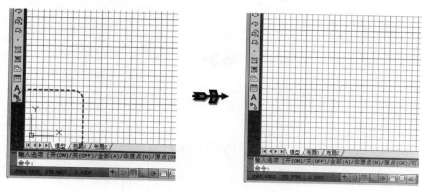

图 1.13　关闭或打开坐标系图标显示

技巧操作

（1）打开"视图"下拉菜单，选择"显示"→"UCS 图标"→"开/关"即可。也可以在命令行下输入"UCSICON"功能命令后，在输入参数"off"或"on"后按回车即可关闭或启动显示 UCS 坐标系图标。见图 1.14。

命令:UCSICON

输入选项 [开(ON)/关(OFF)/全部(A)/非原点(N)/原点(OR)/可选(S)/特性(P)] <开>: off

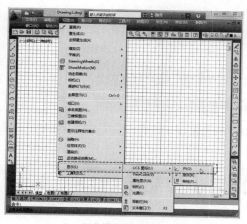

（a）经典模式显示界面

（b）新版本显示界面

图 1.14　关闭或启动 UCS

（2）此外，还可以修改坐标系图标的显示大小。方法是打开"视图"下拉菜单，选择"显示"→"UCS 图标"→"特性"即可。也可以在命令行下输入"UCSICON"功能命令后，在输入参数"p"后按回车，再在弹出的"UCS 图标"窗口中对 UCS 图标大小进行设置，大小数值只能从 5～95，一般默认值为 50。同时，也可以修改 UCS 坐标系图标的颜色。见图 1.15。

命令:UCSICON

输入选项 [开(ON)/关(OFF)/全部(A)/非原点(N)/原点(OR)/可选(S)/特性(P)] <开>: P

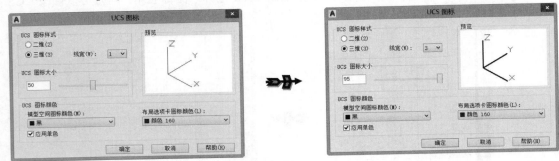

（a）UCS 修改方法

（b）UCS 修改前后坐标显示效果对比

图 1.15　修改坐标系图标的显示大小

（3）按喜欢的大小和颜色效果设置 UCS 图标大小。见图 1.16。

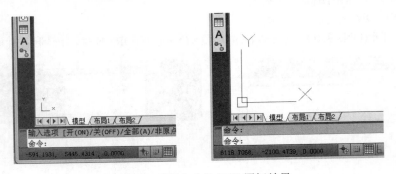

图 1.16　不同大小的 UCS 图标效果

1.3　园林 CAD 绘图十字光标大小控制技巧

➡ 技巧内容

在 CAD 绘图操作中，光标一般是以十字光标的形式显示。可以通过设置按需要修改十字光标的大小，也可以按屏幕大小的百分比确定十字光标的大小。见图 1.17。

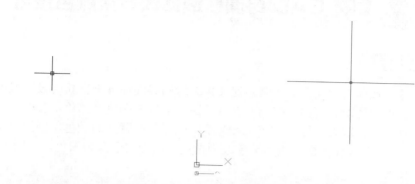

图 1.17　不同十字光标大小

技巧操作

（1）点击"工具"下拉菜单，选择其中的"选项"，在弹出的"选项"对话框中点击"显示"选项卡，再点击拖动"十字光标大小"按钮即可调整。也可以在屏幕任意区域单击右键，在弹出的快捷菜单中选择"选项"打开。见图 1.18。

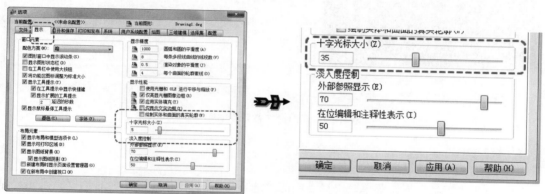

图 1.18　调整十字光标大小

（2）十字光标大小为 1～100 个单位，默认设置是 5 个单位。一般按照屏幕大小和个人需要进行调整修改。见图 1.19。

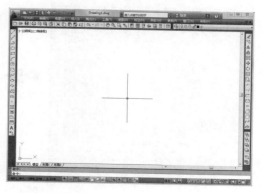

图 1.19　不同单位大小的十字光标

1.4 园林 CAD 绘图区域修改背景颜色技巧

技巧内容

　　基于绘图操作个性化需要，常常对 CAD 绘图界面环境进行新的设置或调整，以适应自己的绘图特点和要求。例如，有的人喜欢绘图界面屏幕颜色是黑色，有的人则喜欢绘图界面屏幕颜色是白色，因人而异。改变 CAD 绘图区域界面背景的颜色，例如，由于绘图需要，常常需要将 CAD 操作界面背景由黑色改为白色，或由白色改为黑色，见图 1.20。

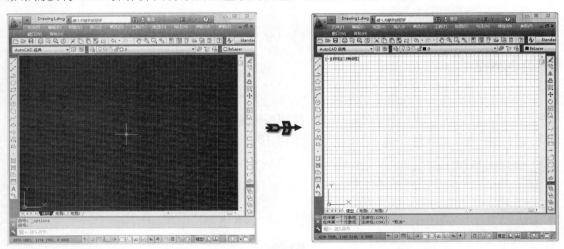

图 1.20　修改操作背景界面颜色

技巧操作

　　（1）点击"工具"下拉菜单，选择其中的"选项"，在弹出的"选项"对话框中点击"显示"选项卡，再点击"颜色"按钮。也可以再屏幕任意区域单击右键，在弹出的快捷菜单中选择"选项"打开。见图 1.21。

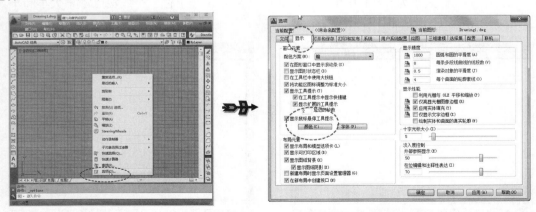

图 1.21　选择显示

10

（2）在弹出的"图形窗口颜色"对话框中选择"二维模型空间"和"统一背景"，即可设置操作区域背景显示颜色，再在颜色栏点击选择颜色。见图 1.22。

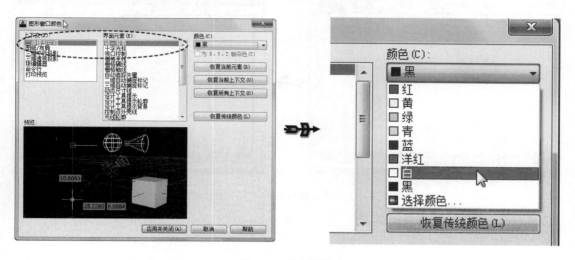

图 1.22　选择颜色

（3）最后点击"应用并关闭"按钮返回前一对话框，最后点击"确定"按钮即可完成设置。操作界面背景颜色根据个人绘图习惯设置，一般为白色或黑色。可以通过选择，将操作界面背景设置为任意颜色效果。见图 1.23。

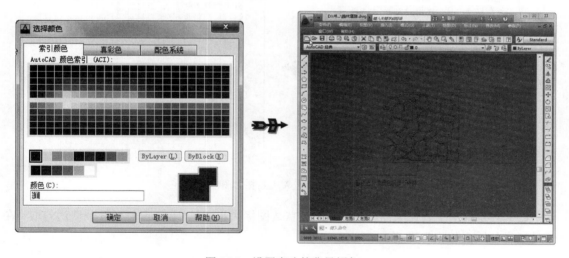

图 1.23　设置喜欢的背景颜色

1.5　园林 CAD 绘图窗口显示大图标工具栏设置方法

技巧内容

在计算机屏幕大小允许或足够大的情况下，对喜欢工具栏为大图标显示或视力不是很好的用户，可以将工具栏图标设置为的大图标，这样看起来比较清楚。见图 1.24。

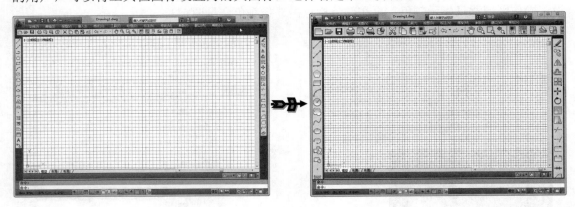

图 1.24　工具栏大图标显示（大小图标对比）

● 技巧操作

（1）点击"工具"下拉菜单，选择其中的"选项"，在弹出的"选项"对话框中点击"显示"选项卡，在"窗口元素"下勾取"在工具栏中使用大按钮"即可，然后点击"启动"。见图 1.25。

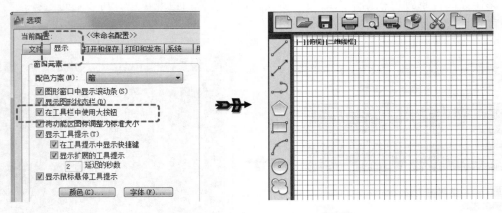

图 1.25　设置工具栏大图标

（2）若要取消工具栏大图标显示，恢复默认图标大小，在"显示"对话框中取消勾取"在工具栏中使用大按钮"即可。

1.6　园林 CAD 绘图屏幕全屏显示控制设置技巧

● 技巧内容

"全屏显示"模式是指屏幕上仅显示菜单栏、"模型"选项卡和"布局"选项卡（位于图形底部）、状态栏和命令行，其他内容全部隐藏不显示，目的是扩大绘图区域。"全屏显示"模式比较适合对 AutoCAD 操作及其功能命令比较熟悉的用户。见图 1.26。

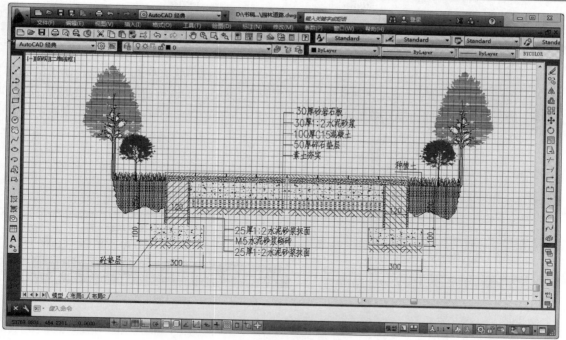

（a）通常使用绘图显示环境

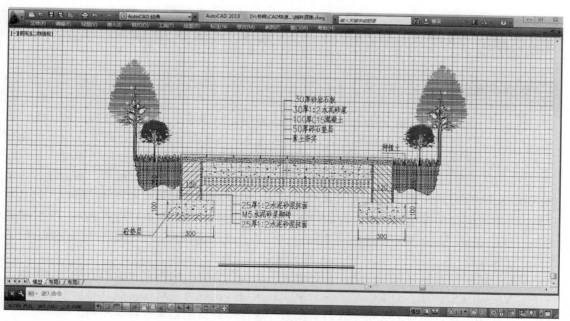

（b）全屏显示绘图环境

图 1.26　CAD 绘图全屏显示设置

● 技巧操作

（1）打开"视图"下拉菜单，选择"全屏显示"选项即可得到全屏显示模式。或者在命令行中输入"CLEANSCREENON"、"CLEANSCREENOFF"，可以实现"全屏显示"模式和一般显示模式之间切换。

13

命令: CLEANSCREENOFF

或:

命令: CLEANSCREENON

（2）也可以使用"全屏显示"按钮，该按钮位于应用程序状态栏的右下角，使用鼠标直接点击该按钮图标即可实现开启或关闭"全屏显示"。反复点击该按钮即可在"全屏显示"模式和一般显示模式之间自动切换。见图 1.27。

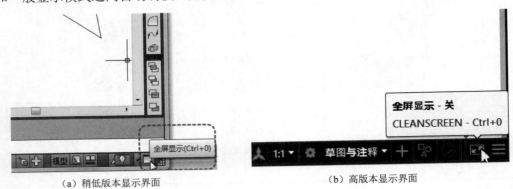

（a）稍低版本显示界面　　　　　　　　　　　　　（b）高版本显示界面

图 1.27　启动全屏显示模式（不同版本界面）

1.7　园林 CAD 图形显示精度控制设置技巧

➜ 技巧内容

在 CAD 绘图中，常常会遇到绘制的圆形或弧线、曲线等不光滑，甚至显示为折线。此外，使用鼠标中间滚轮缩放当前视图时，当前视图到一定程度不能缩小，有时视图甚至没有变化。造成前述情况的原因是当前图形显示精度设置偏低。对其设置进行修改即可。

图形当前视图中，设置图形显示精度也即设置当前视口中对象的分辨率，其功能命令是 VIEWRES。VIEWRES 使用短矢量控制圆、圆弧、样条曲线和圆弧式多段线的外观。矢量数目越大，圆或圆弧的外观越平滑。例如，如果创建了一个很小的圆然后将其放大，它可能显示为一个多边形。使用 VIEWRES 增大缩放百分比并重生成图形，可以更新圆的外观并使其平滑。见图 1.28。

VIEWRES 设置保存在图形中。要更改新图形的默认值，应指定新图形所基于的样板文件中的 VIEWRES 设置。如果命名（图纸空间）布局首次成为当前设置而且布局中创建了默认视口，此初始视口的显示分辨率将与"模型"选项卡视口的显示分辨率相同。

➜ 技巧操作

（1）若显示精度较低，则图形（主要是弧线、圆形等）显示效果是一段一段折线组成，图线显得不太光滑。见图 1.29。在命令行下输入 VIEWRES 功能命令，将缩放百分比设置为最大 20000。圆的缩放百分比范围为 1~20000，系统默认的数值是 1000。

命令: VIEWRES

是否需要快速缩放? [是(Y)/否(N)] <Y>: Y

14

输入圆的缩放百分比 (1-20000) <1000>: 20000（输入 20000 后按回车）
正在重生成模型。

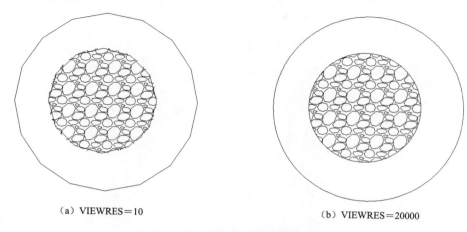

（a）VIEWRES＝10　　　　　　　　（b）VIEWRES＝20000

图 1.28　不同图形显示精度效果

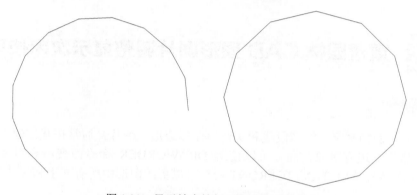

图 1.29　显示精度较低下图形显示效果

（2）也可以打开"工具"下拉菜单选择"选项"，在弹出的"选项"对话框中点击"显示"选项卡，将"显示精度"设置修改为 20000，然后点击"确定"即可。见图 1.30。

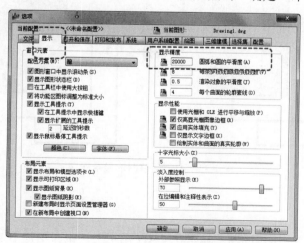

图 1.30　设置显示精度对话框

15

（3）打开"视图"下拉菜单选择"全部重生成"，即可按新的高精度重新显示图形效果，图线显得光滑。见图 1.31。

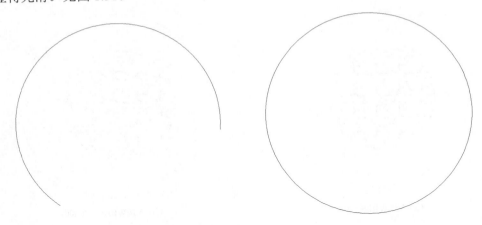

图 1.31　按高精度重新显示图形效果

1.8　重叠园林 CAD 图形图片调整显示次序技巧

➔ 技巧内容

重叠对象（例如文字、宽多段线和实体填充多边形、图片）通常按其创建次序显示，新创建的对象显示在现有对象前面。可以使用 DRAWORDER 命令改变所有对象的绘图次序（显示和打印次序），使用 TEXTTOFRONT 命令可以更改图形中所有文字和标注的绘图次序。见图 1.32。

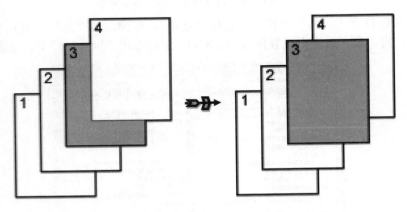

图 1.32　控制调整图形显示次序

➔ 技巧操作

（1）需要将图 1.33 所示的图片显示在 CAD 图形上，也即图片不要被 CAD 图形遮挡，这就需要使用 AutoCAD 提供的绘图次序功能来调整。

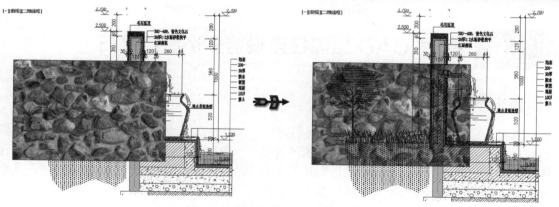

图 1.33　需要的图形对象显示要求

（2）先单击选择图片对象，然后点击右键，弹出快捷菜单，选择"绘图次序"，再根据需要选择"前置"选项。也可以打开"工具"下拉菜单，选择"绘图次序"选项及其相应功能选项，然后选择要调整次序的图形即可。见图 1.34。

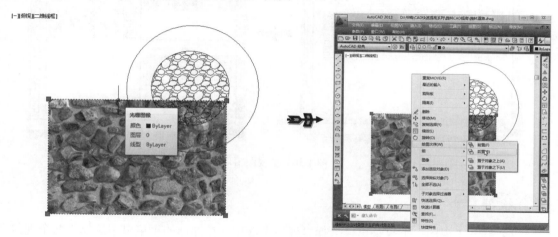

图 1.34　进行显示次序调整

（3）按上述方法，根据需要调整各个图形、图片对象的前后显示关系。见图 1.35。

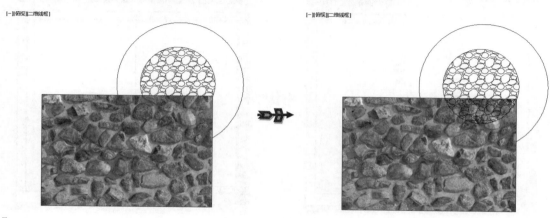

图 1.35　调整图形对象显示次序结果

17

1.9 园林 CAD 绘图视图设置多个窗口技巧

技巧内容

在 CAD 图形绘制中，默认的操作视图窗口（视口）是 1 个。有时为了绘图需要，可以将窗口设置为多个，但各个窗口显示的图形内容是一致的，只是操作时只能激活其中 1 个视图窗口，其他非活动窗口显示的图形则是不变的。最后也可以合并为一个。视口操作在观察对比同一图形不同部位情况及三维绘图中常常使用。见图 1.36。

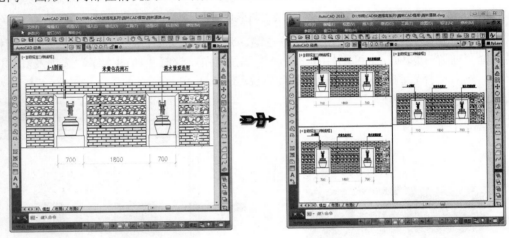

图 1.36 多视图窗口

技巧操作

（1）打开"视图"下拉菜单，选择"视口"选项，在弹出的子菜单中选择"两个视口"等相应选项即可。在弹出的命令行提示中可以选择按水平或垂直划分视口。见图 1.37。

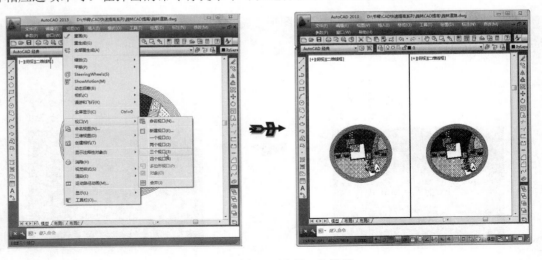

图 1.37 选择"两个视口"设置

命令: VPORTS

输入选项 [保存(S)/恢复(R)/删除(D)/合并(J)/单一(SI)/?/2/3/4/切换(T)/模式(MO)] <3>: 2

输入配置选项 [水平(H)/垂直(V)] <垂直>:

正在重生成模型。

自动保存到 C:\Users\T-H\my documents\Drawing1_1_1_4905.sv$ ...

（2）也可以使用 VPORTS 功能命令进行操作。在命令行输入 "VPORTS" 后，系统弹出 "视口" 对话框，可以在对话框中进行视口名称、视口数量和视口布局预览等，最后点击 "确定" 即可。设置多少视口，根据绘图需要进行。见图 1.38。

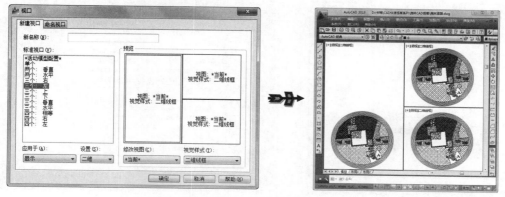

图 1.38　使用 VPORTS 命令设置视口

1.10　园林 CAD 图形中插入 JPG/BMP 图片及 PDF 文件方法

➔ 技巧内容

根据需要，在 CAD 图形中经常需要插入一些光栅图片(JPG/BMP 格式文件)。此外，较高 AutoCAD 版本可以插入 PDF 格式文件。插入图片后还可以对图片进行编辑操作。见图 1.39。

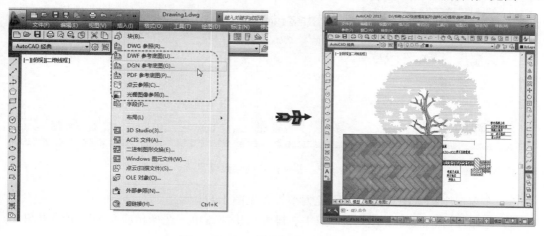

图 1.39　CAD 图形插入图片等文件

→ 技巧操作

以插入 JPG/BMP 图片为例说明 CAD 图形插入图片的方法，插入 PDF 等格式文件方法与此类似。

（1）打开"插入"下拉菜单，选择"光栅图像参照"选项，在弹出的"选择参照文件"对话框中选择要插入的图片，然后点击"打开"。见图 1.40。

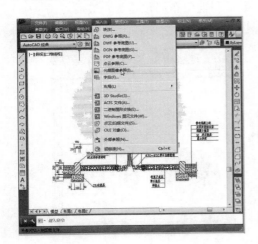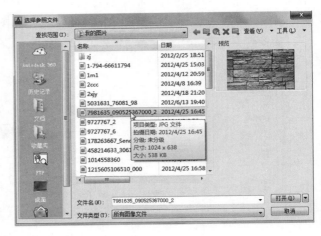

图 1.40　选择插入图片

（2）在弹出的"附着图像"对话框中选择相应选项，可以使用默认参数。见图 1.41。

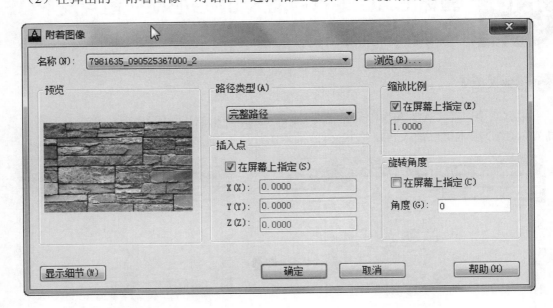

图 1.41　插入图片的参数设置

（3）在窗口中指定图片插入位置及大小等。见图 1.42。

（4）选中图片，然后激活夹点，点击右键弹出快捷菜单，选择相应命令即可编辑图片。见图 1.43。

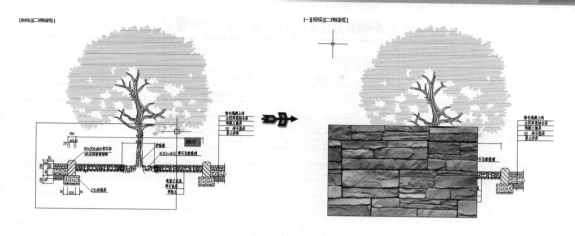

图 1.42 指定图片位置

图 1.43 编辑图片

1.11 园林绘图 AutoCAD 常用默认快捷键组合使用方法

技巧内容

AutoCAD 快捷键是指用于启动命令的键组合。例如，可以按"Ctrl+O"组合键打开文件，按"Ctrl+S"组合键保存文件，效果与从快速访问工具栏或"文件"菜单中单击"打开"和"保存"相同。表 1.1 列出了 AutoCAD 快捷键对应的默认操作。注意一点，组合键中的数字键需使用键盘上侧第 2 行的数字键，使用右侧的数字键可能不起作用。按照上述组合键形式可以有选择地使用练习看看效果，有的快捷键不一定习惯。此外，因 CAD 版本不同，其功能也可能有所不同，但大部分是一致的。

技巧操作

按表 1.1 所列组合形式方法进行组合操作即可执行。

表 1.1　AutoCAD 默认快捷键对应的操作（2018 版本）

序　号	快捷键（组合形式）	功能及作用
1	Alt+F4	关闭应用程序窗口
2	Alt+F8	显示"宏"对话框（仅限于 AutoCAD）
3	Alt+F11	显示"Visual Basic 编辑器"（仅限于 AutoCAD）
4	Ctrl+F2	显示文本窗口
5	Ctrl+F4	关闭当前图形
6	Ctrl+F6	移动到下一个文件选项卡
7	Ctrl+0	切换"全屏显示"
8	Ctrl+1	切换特性选项板
9	Ctrl+2	切换设计中心
10	Ctrl+3	切换"工具选项板"窗口
11	Ctrl+4	切换"图纸集管理器"
12	Ctrl+6	切换"数据库连接管理器"（仅限于 AutoCAD）
13	Ctrl+7	切换"标记集管理器"
14	Ctrl+8	切换"快速计算器"选项板
15	Ctrl+9	切换"命令行"窗口
16	Ctrl+A	选择图形中未锁定或冻结的所有对象
17	Ctrl+Shift+A	切换组
18	Ctrl+B	切换捕捉
19	Ctrl+C	将对象复制到 Windows 剪贴板
20	Ctrl+Shift+C	使用基点将对象复制到 Windows 剪贴板
21	Ctrl+D	切换动态 UCS（仅限于 AutoCAD）
22	Ctrl+E	在等轴测平面之间循环
23	Ctrl+Shift+E	支持使用隐含面，并允许拉伸选择的面
24	Ctrl+F	切换执行对象捕捉
25	Ctrl+G	切换栅格显示模式
26	Ctrl+H	切换 PICKSTYLE
27	Ctrl+Shift+H	使用 HIDEPALETTES 和 SHOWPALETTES 切换选项板的显示
28	Ctrl+I	切换坐标显示（仅限于 AutoCAD）
29	Ctrl+Shift+I	切换推断约束（仅限于 AutoCAD）
30	Ctrl+J	重复上一个命令
31	Ctrl+K	插入超链接
32	Ctrl+L	切换正交模式
33	Ctrl+Shift+L	选择以前选定的对象
34	Ctrl+M	重复上一个命令
35	Ctrl+N	创建新图形
36	Ctrl+O	打开现有图形
37	Ctrl+P	打印当前图形
38	Ctrl+Shift+P	切换"快捷特性"界面
39	Ctrl+Q	退出应用程序
40	Ctrl+R	在"模型"选项卡上的平铺视口之间或当前命名的布局上的浮动视口之间循环
41	Ctrl+S	保存当前图形
42	Ctrl+Shift+S	显示"另存为"对话框
43	Ctrl+T	切换数字化仪模式
44	Ctrl+U	切换"极轴追踪"
45	Ctrl+V	粘贴 Windows 剪贴板中的数据
46	Ctrl+Shift+V	将 Windows 剪贴板中的数据作为块进行粘贴
47	Ctrl+W	切换选择循环
48	Ctrl+X	将对象从当前图形剪切到 Windows 剪贴板中
49	Ctrl+Y	取消前面的"放弃"动作

序　号	快捷键（组合形式）	功能及作用
50	Ctrl+Shift+Y	切换三维对象捕捉模式（仅限于 AutoCAD）
51	Ctrl+Z	恢复上一个动作
52	Ctrl+[	取消当前命令
53	Ctrl+\	取消当前命令
54	Ctrl+Home	将焦点移动到"开始"选项卡
55	Ctrl+Page Up	移动到上一个布局
56	Ctrl+Page Down	移动到下一个布局选项卡
57	Ctrl+Tab	移动到下一个文件选项卡
58	Shift + F1	子对象选择未过滤（仅限于 AutoCAD）
59	Shift + F2	子对象选择受限于顶点（仅限于 AutoCAD）
60	Shift + F3	子对象选择受限于边（仅限于 AutoCAD）
61	Shift + F4	子对象选择受限于面（仅限于 AutoCAD）
62	Shift + F5	子对象选择受限于对象的实体历史记录（仅限于 AutoCAD）

续表

1.12 园林绘图 AutoCAD 功能命令简写形式使用方法

➔ 技巧内容

AutoCAD 软件绘图的各种功能命令是使用英语单词形式，即使是 AutoCAD 中文版也是如此，不能使用中文命令进行输入操作。例如，绘制直线的功能命令是"line"，输入的命令是"line"，不能使用中文"直线"作为命令输入。

另外，AutoCAD 软件绘图的各种功能命令不区分大小写，功能相同，在输入功能命令时可以使用大写字母，也可以使用小写字母。例如，输入绘制多段直线的功能命令时，可以使用"PLINE"，也可以使用"pline"，输入形式如下：

命令:PLINE 或 PL

或：

命令: pline 或 pl

AutoCAD 软件提供多种方式启动各种功能命令。一般可以通过以下三种方式执行相应的功能命令。

① 打开下拉菜单选择相应的功能命令选项。

② 单击工具栏上的相应功能命令图标。

③ 在"命令:"命令行提示下直接输入相应功能命令的英文字母（注：不能使用中文汉字作为命令输入）。

命令别名（可以认为是其简写形式或缩写形式）是在命令行提示下代替整个命令名而输入的缩写。例如，可以输入"c"代替"circle"来启动圆形命令 CIRCLE。别名与键盘快捷键不同，快捷键是多个按键的组合，例如SAVE的快捷键是"Ctrl+S"。

具体地说，在使用 AutoCAD 软件绘图的各种功能命令时，部分绘图和编辑功能命令可以使用其简写或缩写形式代替，二者作用完全相同。例如，绘制直线的功能命令"pline"，其缩写形式为"pl"，在输入时可以使用"PLINE"或"pline"，也可以使用"PL"或"pl"，它们的作用完全相同。

➔ 技巧操作

使用简写形式输入命令，可以提高绘图效率。AutoCAD 软件常用的绘图和编辑功能命令及别名（缩写形式）如表 1.2 所列。

表 1.2　AutoCAD 软件常用的绘图和编辑功能命令及别名（简写、缩写形式）

序号	功能命令全称	命令缩写形式	命令功能及作用
1	ALIGN	AL	在二维和三维空间中将对象与其他对象对齐
2	ARC	A	创建圆弧
3	AREA	AA	计算对象或所定义区域的面积和周长
4	ARRAY	AR	创建按图形中对象的多个副本
5	BHATCH	H 或 BH	使用填充图案或渐变充来填充封闭区域或选定对象
6	BLOCK	B	从选定的对象中创建一个块定义
7	BREAK	BR	在两点之间打断选定对象
8	CHAMFER	CHA	给对象加倒角
9	CHANGE	-CH	更改现有对象的特性
10	CIRCLE	C	创建圆
11	COPY	CO 或 CP	在指定方向上按指定距离复制对象
12	DDEDIT	ED	编辑单行文字、标注文字、属性定义和功能控制边框
13	DDVPOINT	VP	设置三维观察方向
14	DIMBASELINE	DBA	从上一个标注或选定标注的基线处创建线性标注、角度标注或坐标标注
15	DIMALIGNED	DAL	创建对齐线性标注
16	DIMANGULAR	DAN	创建角度标注
17	DIMCENTER	DCE	创建圆和圆弧的圆心标记或中心线
18	DIMCONTINUE	DCO	创建从先前创建的标注的尺寸界线开始的标注
19	DIMDIAMETER	DDI	为圆或圆弧创建直径标注
20	DIMEDIT	DED	编辑标注文字和尺寸界线
21	DIMLINEAR	DLI	创建线性标注
22	DIMRADIUS	DRA	为圆或圆弧创建半径标注
23	DIST	DI	测量两点之间的距离和角度
24	DIVIDE	DIV	创建沿对象的长度或周长等间隔排列的点对象或块
25	DONUT	DO	创建实心圆或较宽的环
26	DSVIEWER	AV	打开"鸟瞰视图"窗口
27	DVIEW	DV	使用相机和目标来定义平行投影或透视视图
28	ELLIPSE	EL	创建椭圆或椭圆弧
29	ERASE	E	从图形中删除对象
30	EXPLODE	X	将复合对象分解为其组件对象
31	EXPORT	EXP	以其他文件格式保存图形中的对象
32	EXTEND	EX	扩展对象以与其他对象的边相接
33	EXTRUDE	EXT	通过延伸对象的尺寸创建三维实体或曲面
34	FILLET	F	给对象加圆角
35	HIDE	HI	重生成不显示隐藏线的三维线框模型
36	IMPORT	IMP	将不同格式的文件输入当前图形中
37	INSERT	I	将块或图形插入当前图形中
38	LAYER	LA	管理图层和图层特性
39	LEADER	LEAD	创建连接注释与特征的线
40	LENGTHEN	LEN	更改对象的长度和圆弧的包含角
41	LINE	L	创建直线段
42	LINETYPE	LT	加载、设置和修改线型
43	LIST	LI	为选定对象显示特性数据
44	LTSCALE	LTS	设定全局线型比例因子

序号	功能命令全称	命令缩写形式	命令功能及作用
45	LWEIGHT	LW	设置当前线宽、线宽显示选项和线宽单位
46	MATCHPROP	MA	将选定对象的特性应用于其他对象
47	MIRROR	MI	创建选定对象的镜像副本
48	MLINE	ML	创建多条平行线
49	MOVE	M	在指定方向上按指定距离移动对象
50	MTEXT	MT 或 T	创建多行文字对象
51	OFFSET	O	创建同心圆、平行线和平行曲线
52	PAN	P	将视图平面移到屏幕上
53	PEDIT	PE	编辑多段线和三维多边形网格
54	PLINE	PL	创建二维多段线
55	POINT	PO	创建点对象
56	POLYGON	POL	创建等边闭合多段线
57	PROPERTIES	CH	控制现有对象的特性
58	PURGE	PU	删除图形中未使用的项目，例如块定义和图层
59	RECTANG	REC	创建矩形多段线
60	REDO	U	恢复上一个用 UNDO 命令放弃的效果
61	REDRAW	R	刷新当前视口中的显示
62	REVOLVE	REV	通过绕轴扫掠对象创建三维实体或曲面
63	ROTATE	RO	绕基点旋转对象
64	SCALE	SC	放大或缩小选定对象，使缩放后对象的比例保持不变
65	SECTION	SEC	使用平面和实体、曲面或网格的交集创建面域
66	SLICE	SL	通过剖切或分割现有对象，创建新的三维实体和曲面
67	SOLID	SO	创建实体填充的三角形和四边形
68	SPLINE	SPL	创建通过拟合点或接近控制点的平滑曲线
69	SPLINEDIT	SPE	编辑样条曲线或样条曲线拟合多段线
70	STRETCH	S	拉伸与选择窗口或多边形交叉的对象
71	STYLE	ST	创建、修改或指定文字样式
72	SUBTRACT	SU	通过减法操作来合并选定的三维实体或二维面域
73	TORUS	TOR	创建圆环形的三维实体
74	TRIM	TR	修剪对象以与其他对象的边相接
75	UNION	UNI	通过加操作来合并选定的三维实体、曲面或二维面域
76	UNITS	UN	控制坐标和角度的显示格式和精度
77	VIEW	V	保存和恢复命名视图、相机视图、布局视图和预设视图
78	VPOINT	VP	设置图形的三维可视化观察方向
79	WBLOCK	W	将对象或块写入新图形文件
80	WEDGE	WE	创建三维实体楔体

第2章

园林 CAD 图形文件操作技巧快速提高

在园林 CAD 绘图中，图形文件的操作应用同样有许多技巧。园林 CAD 图形文件操作技巧的掌握，将使得绘制图形文件更加安全保险、简洁顺畅。本章将介绍一些有关园林 CAD 绘图图形文件操作的实用技巧和方法。

2.1　自动保存园林 CAD 图形文件设置技巧

➔ 技巧提示

AutoCAD 提供了及时自动保存当前操作绘制的图形文件功能，这有助于确保图形数据的安全，减少绘图操作风险。当系统或电脑出现问题时，用户有机会可以恢复部分或全部已完成的图形文件。

默认情况下，系统为自动保存的文件临时指定名称为"filename_a_b_nnnn.sv\$"。见图 2.1。

其中，"filename"为当前图形名，"a"为在同一工作任务中打开同一图形实例的次数，"b"为在不同工作任务中打开同一图形实例的次数，"nnnn"为随机数字。这些临时文件在图形正常关闭时自动删除。出现程序故障或电压故障时，不会删除这些文件。

自动保存的类似信息显示如下。

命令：

自动保存到 C:\Documents and Settings\Administrator\localsettings\temp\Drawing1_1_1_9192.sv\$ ...

➔ 操作方法

（1）点击"工具"下拉菜单，选择其中的"选项"；也可以再屏幕任意区域单击右键，在弹出的快捷菜单中选择"选项";此外,还可以在"命令:"行输入"OPTIONS"或"options"命令并执行得到相同操作。在弹出的"选项"对话框中,点击"打开和保存"选项卡,再在"文件安全措施"栏下点击勾取"自动保存"。同时,可以输入自动保存时间间隔大小——"保存间隔分钟数",见图2.2。

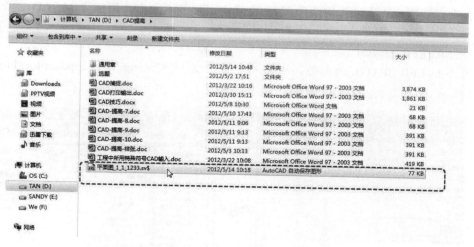

图 2.1　CAD 自动保存图形文件功能

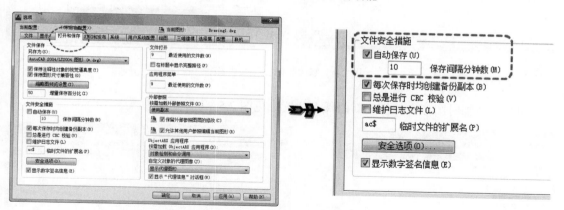

图 2.2　设置自动保存文件功能

(2)注意,"保存间隔分钟数"必须为大于0的整数;若"保存间隔分钟数"设置为"0",则表示关闭"自动保存"文件功能选项。见图2.3。

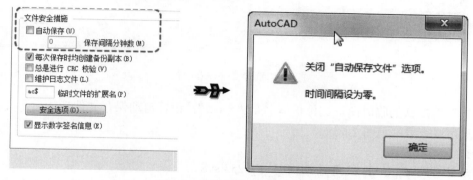

图 2.3　关闭自动保存文件功能

（3）设置自动保存文件功能后，可以在"选项"对话框中"文件"栏内的"临时图形文件位置"进行更改路径，双击路径后在弹出的"浏览文件夹"中选择新位置；文件自动保存的路径位置也可以通过"SAVEFILEPATH"命令进行修改设置，指定当前任务中所有自动保存文件的路径。按回车将采用系统默认路径位置。注意，设置的路径位置应是已有的文件夹位置，否则系统提示"无法设置为该值"。文件夹可以使用中文，例如"D:\CAD 提高"。见图 2.4。

命令: SAVEFILEPATH

输入 SAVEFILEPATH 的新值，或输入 . 表示无 <"C:\Users\T-H\appdata\local\temp\">:
D:\CAD 提高

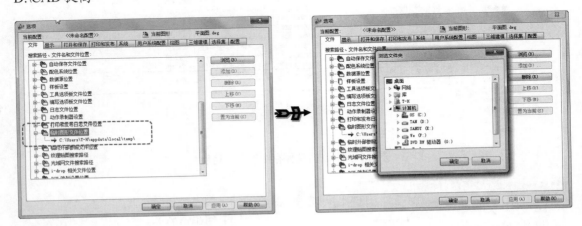

图 2.4　修改临时图形文件路径

（4）选择临时图形文件位置新的保存位置。见图 2.5。

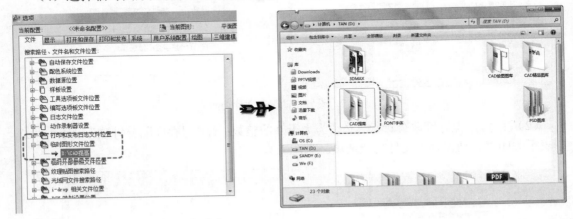

图 2.5　选择文件保存路径

（5）系统默认的临时图形文件扩展名是"*.sv$"。设置自动保存文件功能后，文件自动保存结果可以查看。见图 2.6。

命令:

自动保存到 D:\CAD 提高\平面图_1_1_1233.sv$ ...

（6）注意一点，要看到临时图形文件，必须将 Windows 系统的"文件夹选项"中的"隐藏已知文件类型的扩展名"、"显示隐藏的文件、文件夹和驱动器"等选项勾取去掉，否则文件是隐藏看不到的。见图 2.7。

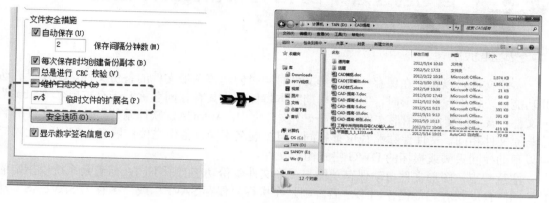

图 2.6　自动保存文件保存结果

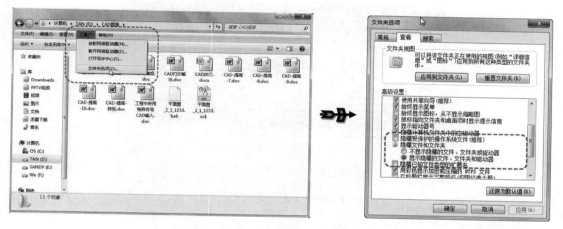

图 2.7　设置 Windows 系统的文件夹选项

（7）要从自动保存的文件恢复图形的早期版本图形文件，可以通过使用扩展名"＊.dwg"代替扩展名"＊.sv\$"来重命名文件，然后打开即可使用。见图 2.8。

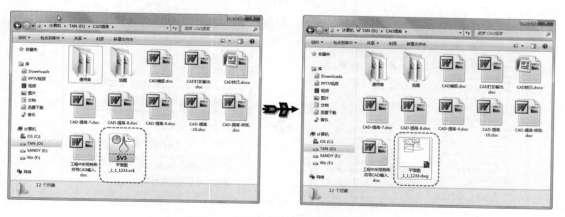

图 2.8　使用临时文件恢复图形文件

2.2 自动创建园林 CAD 图形备份文件设置技巧

技巧提示

备份文件可以指定在保存一个图形文件时同时创建该图形文件的备份文件。即设置启动此功能后，每次保存图形时，图形的早期版本将保存为具有相同名称并带有扩展名 "*.bak" 的文件，该备份文件与图形文件位于同一个文件夹中。AutoCAD 软件系统默认备份文件的名称与原文件相同，文件保存路径位置相同，但扩展名不同，备份文件扩展名为*.bak。此功能可以帮助找回丢失或损坏的 DWG 格式图形文件。

注意一点，图形文件自动保存功能与图形文件备份功能有所不同，前者是系统以指定的时间间隔自动保存当前操作图形，后者则是在执行 "保存/SAVE" 或 "另存为/SAVEAS" 功能命令时，系统软件才将原文件保留为备份文件。见图 2.9。

图 2.9　CAD 自动备份保存图形文件功能

操作方法

（1）点击 "工具" 下拉菜单，选择其中的 "选项"；也可以再屏幕任意区域单击右键，在弹出的快捷菜单中选择 "选项"；此外，还可以在 "命令：" 行输入 "OPTIONS" 或 "options" 命令执行得到相同操作。在弹出的 "选项" 对话框中，点击 "打开和保存" 页，再在 "文件安全措施" 栏下点击勾取 "自动保存"，同时，勾选 "每次保存时均创建备份副本"，见图 2.10。

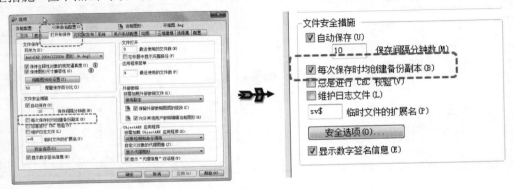

图 2.10　设置启动自动备份保存图形文件功能

（2）要使用备份文件，可以通过使用扩展名"*.dwg"代替扩展名"*.bak"来重命名文件，然后打开即可使用。见图 2.11。注意一点，备份文件不属于隐藏文件，随时可以看到，因此，不需要修改 Windows 系统的"文件夹选项"中的"隐藏已知文件类型的扩展名"、"显示隐藏的文件、文件夹和驱动器"等选项。

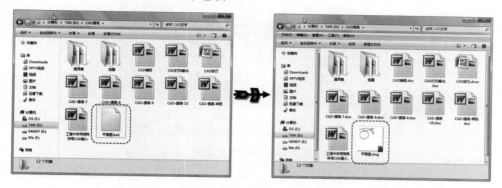

图 2.11　修改 BAK 文件为 DWG 图形文件

2.3　园林 CAD 图形文件密码设置技巧

技巧提示

可以向图形添加密码并保存该图形，图形将被加密。除非输入正确的密码，否则将无法重新打开该图形。这对需要保密的图形文件内容较为方便。密码可以任意设置，可以是数字，也可以是字母，或数字与字母组合等。见图 2.12。

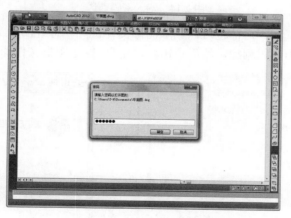

图 2.12　图形文件设置密码

操作方法

（1）保存文件之前，点击"工具"下拉菜单，选择其中的"选项"，在弹出的"选项"对话框中点击"打开和保存"选项卡。也可以再屏幕任意区域单击右键，在弹出的快捷菜单中选择"选项"。点击其中的"安全选项"。见图 2.13。

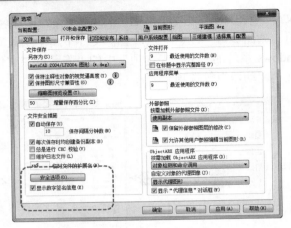

图 2.13　点击安全选项

（2）在"安全选项"对话框的"密码"选项卡中输入密码。系统会再次要求输入密码确认，然后点击"确定"，保存图形文件，此时图形文件已经加密。如果密码丢失，将无法重新获得密码，也无法打开图形文件。因此，在向图形添加密码之前，应该创建一个不带密码保护的图形文件备份。见图 2.14。

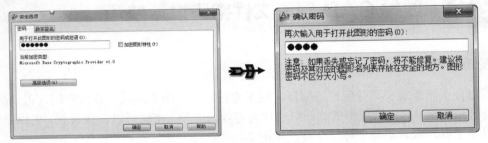

图 2.14　输入密码确认

（3）图形文件设置密码后，也可以删除图形文件密码。打开图形文件后，进入"安全选项"对话框，将设置的密码删除，然后点击"确定"，保存图形文件即可。见图 2.15。

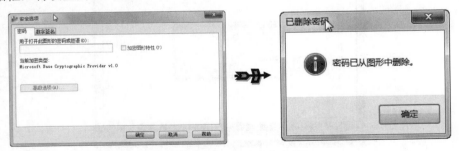

图 2.15　删除图形文件密码

（4）需说明一点，对高版本 CAD，如 AutoCAD 2016～2018，前述"安全选项"的设置密码方法已全部改为"数字签名"加密方式。数字签名是添加到某些文件的加密信息块，用于标识创建者并在应用数字签名后指示文件是否被更改。要获取数字证书，请使用 Internet 搜索引擎查找受信任的证书发行机构的网站，并按照说明操作。若要将数字签名附着到 AutoLISP 文件，必须具有证书颁发机构颁发的数字证书，或者可使用某个实用程序来创建自签名证书。因太过复杂，一般不使用"数字签名"功能。见图 2.16。

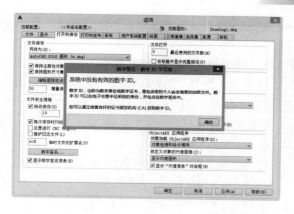

图 2.16　"数字签名"功能

2.4　园林 CAD 图形文件保存默认版本格式设置技巧

➜ 技巧提示

　　设置 CAD 图形文件保存默认版本格式，可以将图形转换到与 AutoCAD 的早期版本相兼容的格式，如 AutoCAD R14、2004、2007、2010、2013、2018 等图形版本格式，使得每次保存图形文件时都符合要求，方便发送和交流使用，避免因 AutoCAD 软件低版本原因打不开高版本格式图形文件所造成的麻烦或延误。见图 2.17。

➜ 操作方法

　　（1）点击"工具"下拉菜单，选择其中的"选项"，在弹出的"选项"对话框中点击"打开和保存"选项卡。也可以再屏幕任意区域单击右键，在弹出的快捷菜单中选择"选项"。在"文件保存"下选择"另存为"中所需要设置的默认图形格式，然后点击"确定"即可。见图 2.18。

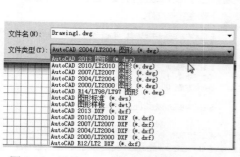

图 2.17　目前 AutoCAD 各种版本图形格式

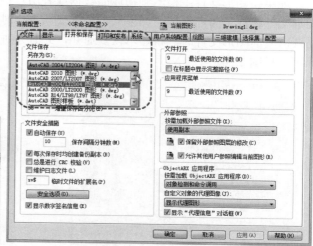

图 2.18　"选项"对话框

（2）设置了 CAD 图形文件保存默认版本格式后，每次执行"SAVE"功能命令，图形文件就以默认的版本格式保存。

此外，从 AutoCAD 2012 版本起，AutoCAD 软件提供了 DWG 格式转换功能命令。具体操作是启动 AutoCAD 软件后，打开"文件"下拉菜单，选择"DWG 转换"选项；或在命令行下输入"DWGCONVERT"命令，二者功能相同。在弹出的"DWG 转换"对话框窗口中，打开一个标准文件选择对话框，从中可以选择要添加到转换列表中的图形文件，然后选择合适的格式，点击"转换"即可。见图 2.19。

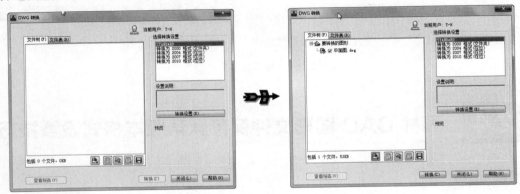

图 2.19　不同 DWG 版本转换

2.5　修复或恢复提示出错的园林 CAD 图形文件技巧

→ 技巧提示

在实际绘图中，有时图形文件受到部分损坏，系统提示出错。图形文件损坏后或程序意外终止后，可以通过使用 AutoCAD 提供的图形实用工具更正错误，或通过恢复为备份文件，修复部分或全部数据。

如果在图形文件中检测到损坏的数据或者用户在程序发生故障后要求保存图形，那么该图形文件将标记为已损坏。如果只是轻微损坏，有时只需打开图形便可修复它。打开损坏且需要恢复的图形文件时，将显示恢复通知，此时先进行图形修复，然后再打开保存图形文件即可。见图 2.20。

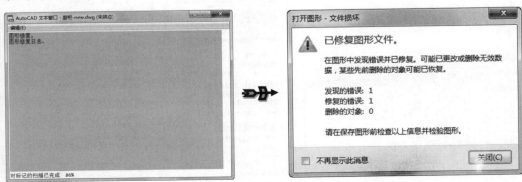

图 2.20　图形文件修复提示

操作方法

（1）点击"文件"下拉菜单，选择其中的"图形实用工具"→"修复"，在弹出的"选择文件"对话框中选择一个文件，然后单击"打开"。见图 2.21。

图 2.21　选择要修复的图形文件

（2）如果修复成功，图形将打开，重新保存图形文件即可。如果程序无法修复图形文件，将显示一条信息。在这种情况下，应通过图形备份文件（*.bak）或自动保存的临时图形文件进行图形恢复，备份文件和自动保存的临时图形文件使用方法参见前面相关章节论述。见图 2.22。

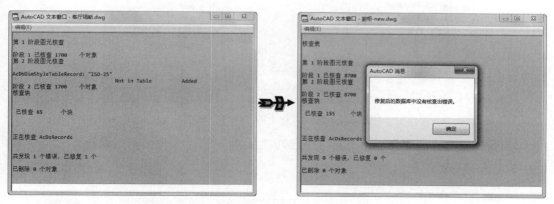

图 2.22　图形文件修复完成

2.6 园林 CAD 图形文件大小有效减小技巧

技巧提示

CAD 图形文件大小的减小，一般是使用压缩软件进行压缩。其实，通过 AutoCAD 软件本身的图形清理功能，也可以在一定程度上减小图形文件大小。进行图形清理，是对当前的图形内部不再需要使用或多余及重复的图形、图块和文字尺寸等进行清除，使得图形文件内容变得简洁，从而减小图形文件大小，节约存储空间。清理后的图形文件对绘图内容和操作没有实质影响，不会删除有效的图形或图线。见图2.23。

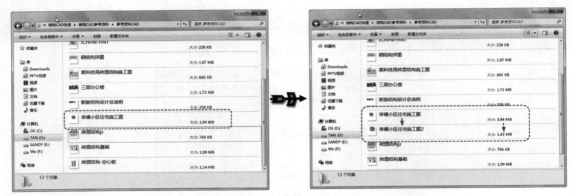

图 2.23　清理图形文件大小

→ 操作方法

（1）先打开要清理的图形文件，例如"幸福小区住宅施工图"，然后点击"文件"下拉菜单，选择其中的"图形实用工具"→"清理"。见图2.24。

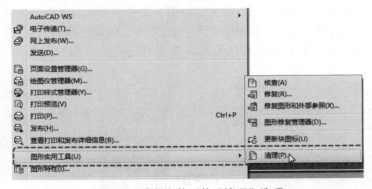

图 2.24　选择文件下的"清理"选项

（2）在弹出的"清理"对话框窗口中选择"全部清理"，系统提问则选择"清理所有项目"。见图2.25。

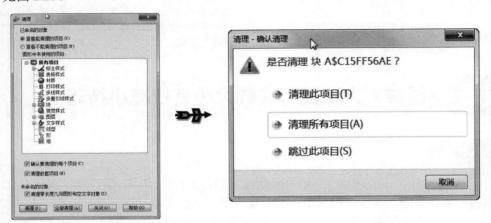

图 2.25　选择清理所有项目

（3）AutoCAD 系统进行扫描清理，完成后点击"关闭"，然后另外保存图形文件即可，即执行"SAVEAS"功能命令保存为新的图形文件，如"幸福小区住宅施工图"。见图 2.26。

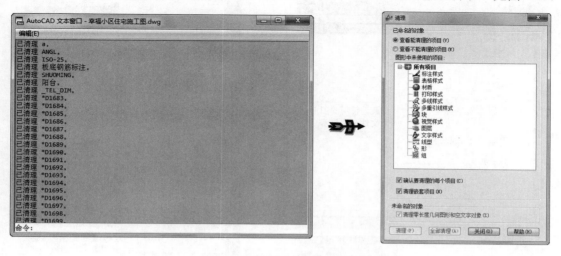

图 2.26　清理提示及完成清理

（4）与原有文件对比，经过清理后的图形文件大小已经大为减小。各个图形文件实际减小多少，与图形文件本身内容有关，本案例由 4043KB 减小为 1472KB。见图 2.27。

图 2.27　清理前后文件大小对比

2.7　园林 CAD 图形文件菜单最近使用文件显示数量设置技巧

→ 技巧提示

在 AutoCAD 软件使用中，最近使用过的图形文件及打开的图形文件会在"文件"下拉菜单末端显示，见图 2.28。可以对该显示进行相关的设置，改变不显示或显示文件数量大小。

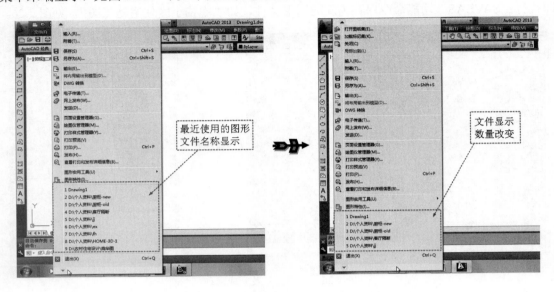

图 2.28　最近使用文件显示数量设置

⊙ 操作方法

（1）打开"工具"下拉菜单选中"选项"，在"选项"对话框中的"打开和保存"选项卡中"文件打开"栏下输入"最近使用文件数"（从 0～9，最大为 9），单击"应用"和"确定"。修改显示效果在退出并重新启动 AutoCAD 后生效。见图 2.29。

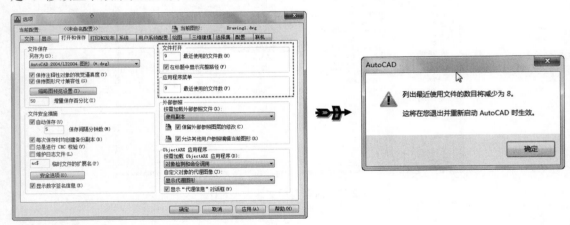

图 2.29　设置最近使用文件显示数量

（2）此外，点击 AutoCAD 软件左上角图标时，控制应用程序菜单中显示"最近使用的文档"，该快捷菜单中所列出的最近使用过的文件数相关设置方法与前一步的修改类似。打开"工具"下拉菜单选中"选项"，在"选项"对话框中的"打开和保存"选项卡中"文件打开"栏下输入"最近使用的文件数"（从 0～50，最大为 50），单击"应用"和"确定"。修改显示效果在退出并重新启动 CAD 后生效。见图 2.30。

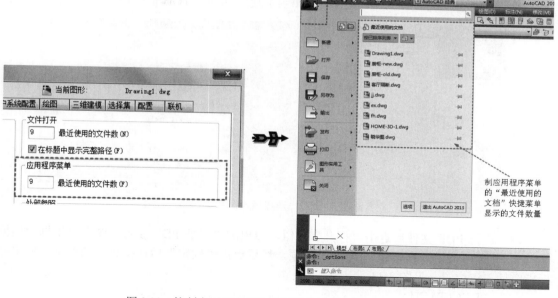

图 2.30　控制应用程序菜单"最近使用的文档"数量设置

2.8　园林景观 CAD 图形中插入 PDF 文件方法

技巧内容

在 CAD 图形中经常需要插入 PDF 格式文件使用。

（1）对低版本 AutoCAD 如 2010/2012 版本，插入 PDF 格式文件的方法：可以先将 PDF 文件使用 Adobe Acrobat pro 软件将其转换为 JPG/BMP 图片格式文件，再按前述介绍插入图片的方法进行操作即可。

（2）对高版本 AutoCAD 如 2017/2018 版本，使用 PDFATTACH、PDFIMPORT 命令等方法按以下操作直接插入各种方式创建的 PDF 文件。见图 2.31。

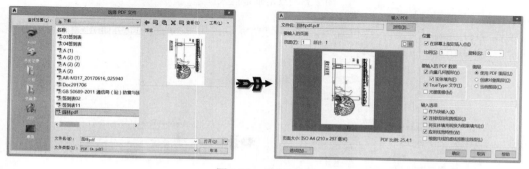

图 2.31　插入 PDF

技巧操作

（1）点击"插入"下拉菜单，选择"PDF 参考底图"命令选项。在弹出的"选择参照文件"对话框中选择要插入的 PDF 文件，此相当于使用 PDFATTCH 命令进行操作。见图 2.32。

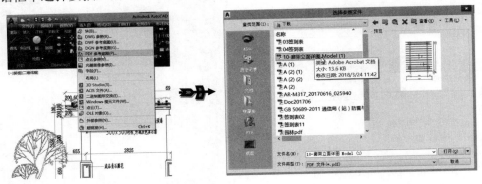

图 2.32　选择插入命令

（2）选择 PDF 文件后点击"打开"按钮，弹出的"附着 PDF 参考底图"对话框中根据需勾取"比例"、"插入点"、"旋转"等选项，然后点击"确定"后切换到绘图屏幕，使用光标指定插入点位置。见图 2.33。

命令: PDFATTACH

指定插入点:

基本图像大小: 宽: 8.2669，高: 11.6944，Undefined

指定缩放比例因子或 [单位(U)] <1>:

指定旋转 <0>:

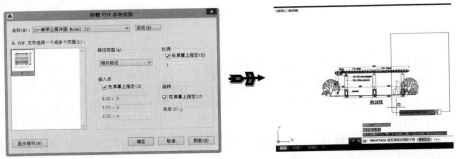

图 2.33　点击确定插入位置

（3）使用光标指定插入点位置后，再移动光标点击屏幕位置，即可确定插入文件的比例大小、及旋转角度。见图 2.34。

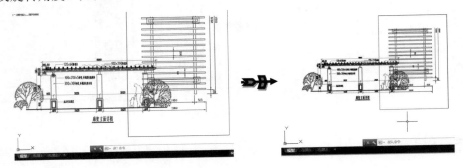

图 2.34　完成插入 PDF 文件

2.9 园林景观 PDF 文件转换成 DWG 图形方法

技巧内容

利用 AutoCAD，可以将 PDF 格式的图形文件或文字转换为 dwg 图形文件，转换后的 PDF 文件已是 dwg 图形对象，可以使用 AutoCAD 进行修改、编辑。注意此技巧有一定局限性，即只能对那些是使用 AutoCAD 功能命令创建的 PDF 图形文件有效，而对文字内容的 PDF 需 Microsoft Word 创建的 PDF 文件有效。此外，具有此转换功能的 CAD 版本必须为高版本如 AutoCAD2017/2018。如图 2.35 为文字 PDF 示例。

图 2.35　PDF 转换 DWG 图形对象文件

技巧操作

（1）对由 Microsoft Word 软件创建的文本内容为主的 PDF 文件，使用 PDFIMPORT 功能命令即可输入 CAD，进行编辑修改。首先点击"插入"下拉菜单栏下的根据栏"PDF 输入"命令选项，或在命令行下输入 PDFIMPORT 命令。在弹出的对话框中选择要插入的 PDF 文件。见图 2.36。

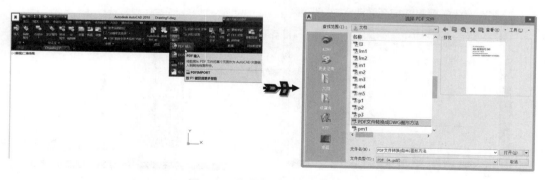

图 2.36　执行 PDFIMPORT 命令

（2）选择要插入的 PDF 文件后点击"打开"按钮，在弹出的"输入 PDF"对话框中设置，根据需要直接点击勾取选项进行设置，如是否在屏幕上手动指定插入点、旋转角度、图层、是否插入为图块等。然后点击"确定"切换到屏幕上点击插入点位置。见图 2.37。

（3）在屏幕上点击插入点位置后，平面将显示插入的内容。见图 2.38。

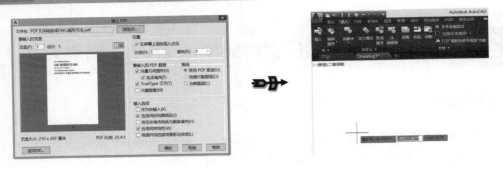

图 2.37 点击插入位置点

（4）可以根据需要，使用 CAD 命令对插入的 PDF 文字内容进行编辑、修改等操作。见图 2.39。

图 2.38 显示插入内容

图 2.39 编辑修改插入 PDF 文件的文字

（5）插入 PDF 图形文件方法，同样使用 PDFIMPORT 命令，操作方法同前述。插入后的 PDF 图形文件已自动转换成 dwg 图形对象，可以根据需要使用 CAD 的各种功能命令进行编辑、修改。见图 2.40。

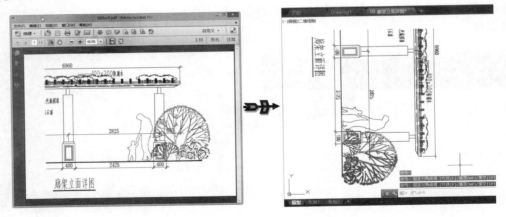

图 2.40 PDF 图形文件转换成 DWG 图形对象

第 **3** 章

园林 CAD 基本图形绘制技巧快速提高

本章主要介绍各种园林基本图形和图线的 CAD 绘制技巧及方法，属于园林 CAD 绘图操作中的基本技能，熟练掌握这些技巧技能，将会在一定程度上极为有效地提高园林 CAD 绘图水平，拓宽园林 CAD 绘图视野和操作思路。在使用 AutoCAD 进行各种园林图线绘制中，会有一些技巧和方法，会使得园林 CAD 绘图变得轻松与高效。这些技巧都是在实际工作操作中掌握得到的，十分实用。

3.1 园林 CAD 图形中通过指定点绘制直线的垂直线技巧

➡ 技巧内容

通过其中一条直线 CD 的端点 C 绘制直线 AB 的垂直线 CE。其他垂直线绘制方法与此相同。见图 3.1。

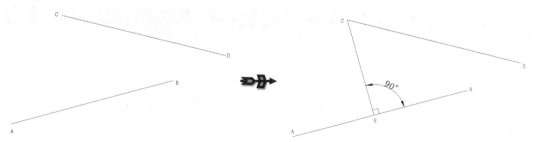

图 3.1 通过点 C 绘制垂直线 CE

⊙ 技巧操作

（1）打开"工具"下拉菜单选择"绘图设置"选项，在弹出的对话框中设置勾取捕捉"端点"、"垂足"，然后执行绘制直线命令，利用端点捕捉功能定位起直线点 C。见图 3.2。

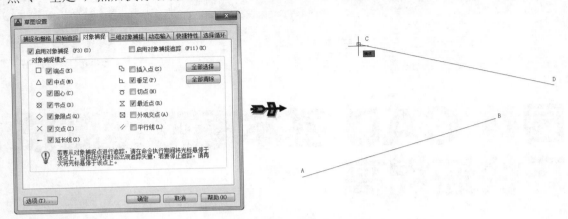

图 3.2　利用端点捕捉功能定位起直线点 C

（2）利用"垂足"捕捉功能，从 C 点向直线 AB 方向拖动鼠标，做垂直线 CE，在 AB 线附近来回移动，当出现"垂足"时，点击确定该点位置 E，即可得到垂直线 CE。见图 3.3。

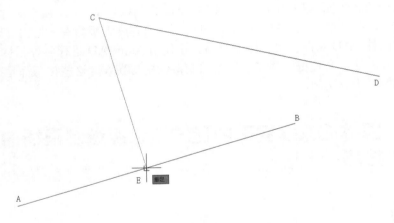

图 3.3　确定垂直线 CE 位置

3.2　园林 CAD 图形中任意平行四边形快速绘制技巧

⊙ 技巧内容

本技巧介绍如何快速绘制任意平行四边形的方法。见图 3.4。

⊙ 技巧操作

（1）按平行四边形方向绘制 2 条交叉直线作为平行四边形的 2 条边。使用 LINE 或 PLINE

绘制即可。见图 3.5。

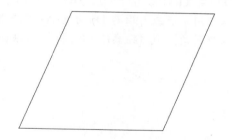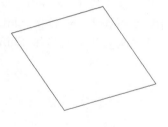

图 3.4　平行四边形

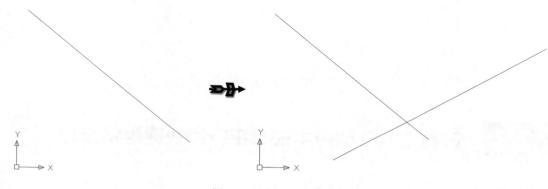

图 3.5　绘制 2 条交叉直线

（2）通过偏移（OFFSET）功能命令得到平行四边形另外 2 条边。平行四边形大小使用偏移距离大小可以确定。见图 3.6。

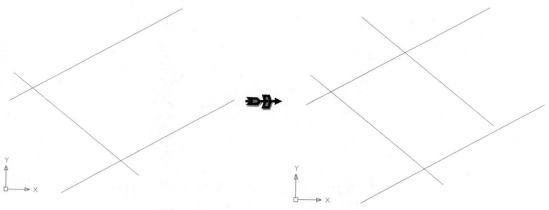

图 3.6　偏移得到平行四边形另外 2 个边

（3）进行倒角（CHAMFER）或剪切（TRIM）得到平行四边形。注意倒角距离设置为"0"。见图 3.7。

命令: CHAMFER

（"修剪"模式）当前倒角距离 1 =1 0.0000，距离 2 =5 0.0000

选择第一条直线或 [放弃(U)/多段线(P)/距离(D)/角度(A)/修剪(T)/方式(E)/多个(M)]:　d

指定 第一个 倒角距离 <10.0000>: 0

指定 第二个 倒角距离 <50.0000>: 0
选择第一条直线或 [放弃(U)/多段线(P)/距离(D)/角度(A)/修剪(T)/方式(E)/多个(M)]:
选择第二条直线，或按住 Shift 键选择直线以应用角点或 [距离(D)/角度(A)/方法(M)]:
选择第二条直线，或按住 Shift 键选择直线以应用角点或 [距离(D)/角度(A)/方法(M)]:

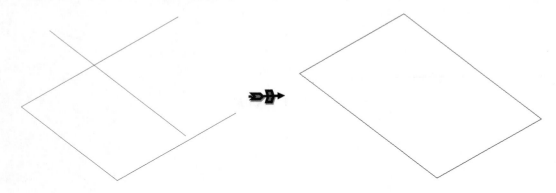

图 3.7　剪切得到平行四边形

3.3　园林 CAD 图形中任意平行线快速绘制技巧

⊕ 技巧内容

　　快速创建水平的、竖直的或倾斜的各种位置直线或折线线条、曲线或弧形线条的平行线。
见图 3.8。

图 3.8　创建直线和曲线平行线

⊕ 技巧操作

　　（1）先绘制好直线或曲线线条。见图 3.9。
　　（2）执行偏移功能命令得到其平行线。见图 3.10。
命令: OFFSET
当前设置: 删除源=否　图层=源　OFFSETGAPTYPE=0
指定偏移距离或 [通过(T)/删除(E)/图层(L)] <通过>:　50

46

图 3.9　先绘制好直线或曲线线条

选择要偏移的对象，或 [退出(E)/放弃(U)] <退出>:

指定要偏移的那一侧上的点，或 [退出(E)/多个(M)/放弃(U)] <退出>:

选择要偏移的对象，或 [退出(E)/放弃(U)] <退出>:

……

指定要偏移的那一侧上的点，或 [退出(E)/多个(M)/放弃(U)] <退出>:

选择要偏移的对象，或 [退出(E)/放弃(U)] <退出>:

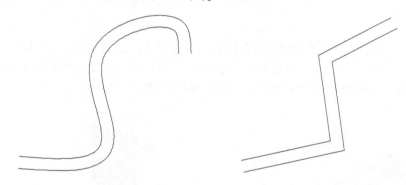

图 3.10　偏移得到平行线

（3）注意，偏移距离不能过大或过小，特别是曲线，否则偏移后部分图形可能会变化。见图 3.11。

图 3.11　偏移图形发生变化

3.4 精确绘制园林 CAD 图形中指定长度的弧线技巧

技巧内容

　　弧线的绘制，一般使用 ARC 功能命令，但其弧线的长度不便于精确控制其大小。要精确绘制长度为指定数值的弧线（例如 1800mm 长的弧线），单独使用 ARC 难以完成。下面介绍通过角度控制来精确绘制指定长度的弧线方法。见图 3.12。

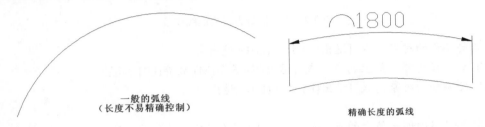

图 3.12　精确绘制指定长度的弧线

技巧操作

　　（1）先按弧线长度计算弧线对应的角度大小。计算方法是 $S=R×α×\pi/180$，则半径 R 的大小可以任意设置，一般与 S 大小匹配，不同大小的半径、角度对应相同长度的弧线。设 $R=3000\text{mm}$，则 $S=1800\text{mm}$ 对应的角度 $α=1800/3000×180/\pi=34.377°$。见图 3.13。

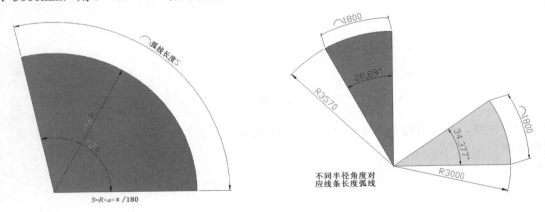

图 3.13　角度计算

　　（2）按照上述计算，先绘制长度为半径 R 的直线，然后选中绘制的直线，点击一端端点为夹点。见图 3.14。

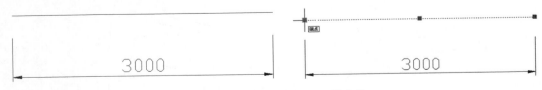

图 3.14　绘制长度为半径 R 的直线

（3）旋转复制指定角度直线，然后点击右键弹出快捷菜单，选择"旋转"选项，在命令行中选择"复制"，再输入旋转角度，按前面步骤计算的角度输入"34.377"即可。见图 3.15。

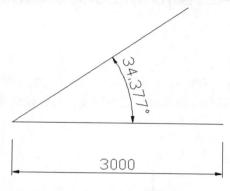

图 3.15　旋转复制指定角度直线

（4）以直线交点为圆心，半径为 R 的大小绘制圆形，然后剪切圆形。见图 3.16。

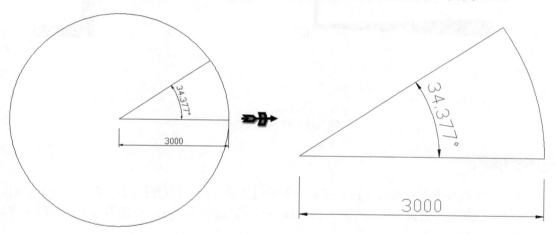

图 3.16　剪切圆形

（5）所得弧线即为指定长度 S=1800mm 的弧线。其他任意长度的弧线绘制方法与此相同。见图 3.17。

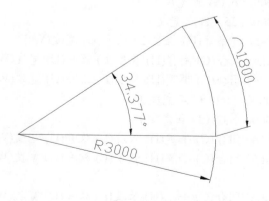

图 3.17　得到指定长度的弧线

49

3.5 园林 CAD 图形中任意宽度线条快速绘制技巧

➜ 技巧内容

通常情况下，AutoCAD 一般默认使用的线条是没有宽度的细线，也可以说是"0"宽度线条。而任意宽度的线条，是指线条具有一定的宽度，且各段线条宽度不相同，不再是"0"宽度。见图 3.18。

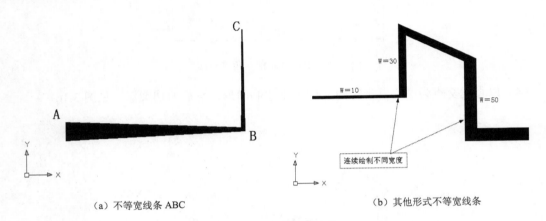

（a）不等宽线条 ABC   （b）其他形式不等宽线条

图 3.18 任意宽度线条

➜ 技巧操作

（1）使用 PLINE 功能命令，指定起点位置后设置相应的宽度(包括起点宽度、端点宽度)，起点宽度、端点宽度的大小可以相同，也可以不同，但数字都要≥0，不能为负值。见图 3.19。

命令: PLINE

指定起点:

当前线宽为 0.0000

指定下一个点或 [圆弧(A)/半宽(H)/长度(L)/放弃(U)/宽度(W)]: ＜正交 开＞W

指定起点宽度 <0.0000>: 6（A 点宽度）

指定端点宽度 <6.0000>: 35（B 点宽度）

指定下一个点或 [圆弧(A)/半宽(H)/长度(L)/放弃(U)/宽度(W)]:

指定下一点或 [圆弧(A)/闭合(C)/半宽(H)/长度(L)/放弃(U)/宽度(W)]:（对应 BC 段）

指定下一点或 [圆弧(A)/闭合(C)/半宽(H)/长度(L)/放弃(U)/宽度(W)]: W

指定起点宽度 <35.0000>: 69（C 点宽度）

指定端点宽度 <69.0000>: 32（D 点宽度）

指定下一点或 [圆弧(A)/闭合(C)/半宽(H)/长度(L)/放弃(U)/宽度(W)]: （对应 DE 段）

指定下一点或 [圆弧(A)/闭合(C)/半宽(H)/长度(L)/放弃(U)/宽度(W)]:

……

指定下一点或 [圆弧(A)/闭合(C)/半宽(H)/长度(L)/放弃(U)/宽度(W)]:

50

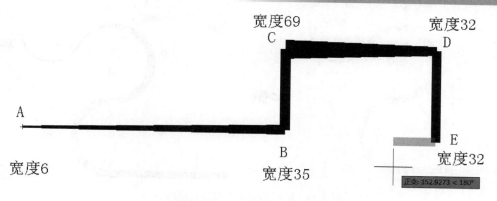

图 3.19　绘制不同宽度的直线

（2）使用 PLINE 功能命令还可以绘制不同宽度线的弧线，在设置宽度后输入 a 即可绘制弧线，还可结合 F8 键（正交模式切换）绘制任意角度的弧线。见图 3.20。

命令:PLINE

指定起点:

当前线宽为 32.0000

指定下一个点或 [圆弧(A)/半宽(H)/长度(L)/放弃(U)/宽度(W)]: W

指定起点宽度 <32.0000>: 60（A 点宽度）

指定端点宽度 <60.0000>: 60（B 点宽度）

指定下一个点或 [圆弧(A)/半宽(H)/长度(L)/放弃(U)/宽度(W)]:（对应 AB 段）

指定下一点或 [圆弧(A)/闭合(C)/半宽(H)/长度(L)/放弃(U)/宽度(W)]: A(输入 A 绘制弧线)

指定圆弧的端点或

[角度(A)/圆心(CE)/闭合(CL)/方向(D)/半宽(H)/直线(L)/半径(R)/第二个点(S)/放弃(U)/宽度(W)]:（对应 BC 段）

指定圆弧的端点或

[角度(A)/圆心(CE)/闭合(CL)/方向(D)/半宽(H)/直线(L)/半径(R)/第二个点(S)/放弃(U)/宽度(W)]: <正交 关>（对应 CD 段）

指定圆弧的端点或

[角度(A)/圆心(CE)/闭合(CL)/方向(D)/半宽(H)/直线(L)/半径(R)/第二个点(S)/放弃(U)/宽度(W)]: W

指定起点宽度 <60.0000>:60（D 点宽度）

指定端点宽度 <60.0000>: 15（E 点宽度）

指定圆弧的端点或

[角度(A)/圆心(CE)/闭合(CL)/方向(D)/半宽(H)/直线(L)/半径(R)/第二个点(S)/放弃(U)/宽度(W)]:（对应 DE 段）

指定圆弧的端点或

[角度(A)/圆心(CE)/闭合(CL)/方向(D)/半宽(H)/直线(L)/半径(R)/第二个点(S)/放弃(U)/宽度(W)]:（对应 EF 段）

指定圆弧的端点或

[角度(A)/圆心(CE)/闭合(CL)/方向(D)/半宽(H)/直线(L)/半径(R)/第二个点(S)/放弃(U)/宽度(W)]:

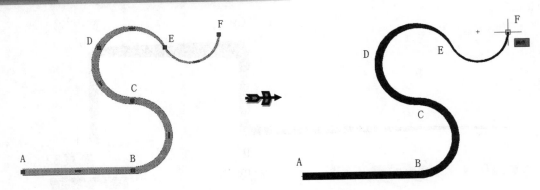

图 3.20   绘制不同宽度直线与弧线

3.6 按图层设置园林 CAD 图线线宽技巧

➡ 技巧内容

　　线宽是指定给图形对象以及某些类型的文字的宽度值。使用线宽，可以用粗线和细线清楚地表现出各种不同线条，以及细节上的不同；通过为不同的图层指定不同的线宽，可以轻松得到不同的图形线条效果。如果设置了某图层的线宽为某个数值，则所有在该图层的图线宽度一般都以该线宽打印输出。见图 3.21。

　　在绘图屏幕上，一般情况下，需要选择状态栏上的"显示/隐藏线宽"按钮开启显示线宽，否则一般在屏幕上将不显示线宽，显示的都是默认数值细线宽度。设置方法在后面的操作方法中介绍。

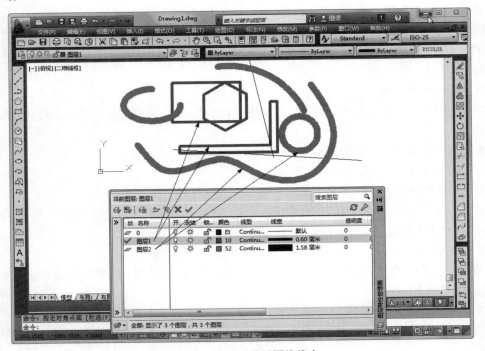

图 3.21   按图层设置图线线宽

52

技巧操作

（1）在绘图前，先设置图层的宽度。依次单击"工具"下拉菜单选择"选项板"，然后选择"图层"面板，弹出"图层特性管理器"，单击与该图层关联的"线宽"，在"线宽"对话框的列表中选择线宽，最后单击"确定"关闭各个对话框即可指定该图层线宽大小。见图 3.22。

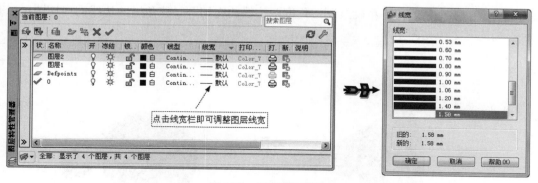

图 3.22　调整图层线宽

（2）注意，如果按图层设置了一定的线宽，进行尺寸标注时，所标注的尺寸线也是该图层的宽度。因此要使用细线进行标注，需另外新建图层，设置为默认线宽即可。见图 3.23。

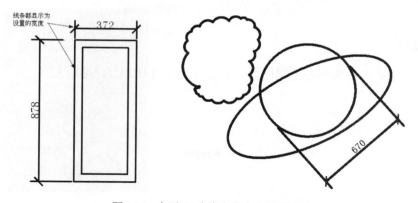

图 3.23　标注尺寸线也具有相同线宽

（3）需在屏幕上显示线宽，则需要进行线宽显示设置。方法是打开"格式"下拉菜单，选择"线宽"选项，在弹出的"线宽设置"对话框中勾取"显示线宽"选项，点击"确定"即可。若勾取"显示线宽"选项后，屏幕将显示线条宽度，包括各种相关线条。见图 3.24。

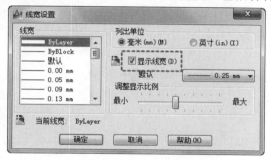

图 3.24　进行线宽显示设置

3.7 园林 CAD 图形中任意角度内切圆精确绘制技巧

➡ 技巧内容

在任意的 1 个角度内，精确绘制该角度两边线的内切圆。该角度两边线的内切圆可以有大小不同的多个。见图 3.25。

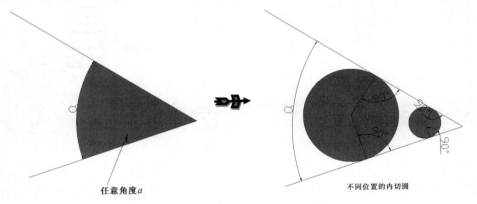

图 3.25　任意角度内切圆精确绘制

➡ 技巧操作

（1）以角度的角点为圆心绘制任意大小的圆形（CIRCLE）。见图 3.26。

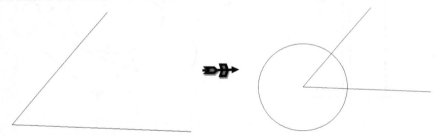

图 3.26　以角度的角点绘制任意大小的圆形

（2）以角度的边线为界对圆形进行剪切（TRIM）。见图 3.27。

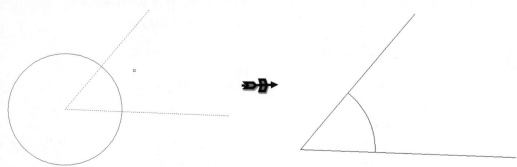

图 3.27　对圆形进行剪切

54

（3）连接角度的角点及弧线的中点，得到该角度的等分线(LINE)，并通过绘制辅助线延伸（EXTEND）该连接线一定长度。此时，也可以使用等分功能命令（DIVIDE）进行等分，然后连接角点与等分点即可。见图 3.28。

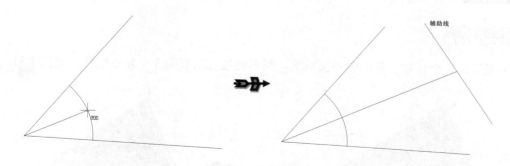

图 3.28　连接角度的角点及弧线的中点

（4）根据内切圆的大小需要，在连接线上的任意一点 A 向角度的边线绘制垂直线（LINE），注意使用垂足捕捉功能定位。见图 3.29。

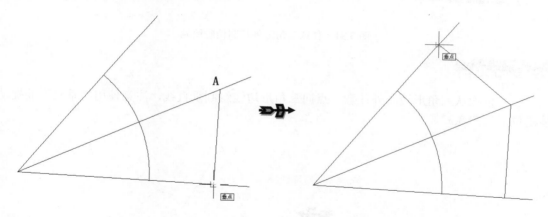

图 3.29　向角度的边线绘制垂直线

（5）以 A 点为圆心，以垂直线为半径绘制圆形，此圆形即为角度 2 条边线的内切圆，然后删除多余的线条即可。见图 3.30。

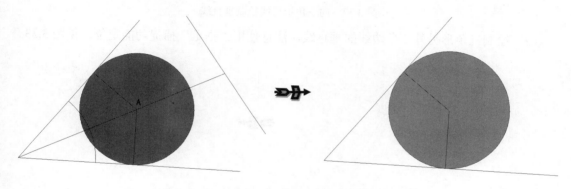

图 3.30　绘制角度 2 条边线的内切圆

3.8 园林 CAD 图形中任意三角形外接圆精确绘制技巧

➜ 技巧内容

精确绘制 1 个任意三角形的外接圆形，圆形通过三角形的 3 个角点位置。见图 3.31。

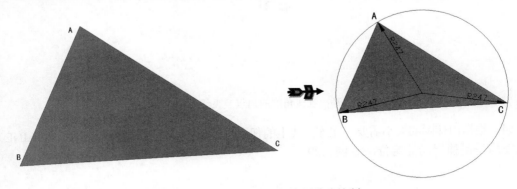

图 3.31　任意三角形外接圆精确绘制

➜ 技巧操作

（1）依次从三角形边线外任意一点向三角形边线绘制垂直线，注意使用"垂足"捕捉功能定位。见图 3.32。

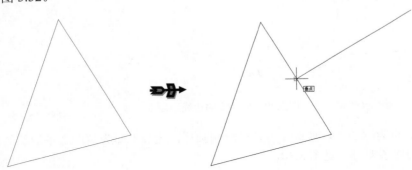

图 3.32　向三角形边线绘制垂直线

（2）绘制三角形另外 2 条边线的垂直线，注意使用"垂足"捕捉功能定位。见图 3.33。

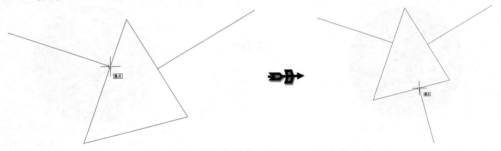

图 3.33　绘制三角形另外 2 条边线的垂直线

（3）依次将边线的垂直线移动至边线的中点位置，注意使用"中点"捕捉功能定位，得到三角形 3 条边线垂直中线交点。见图 3.34。

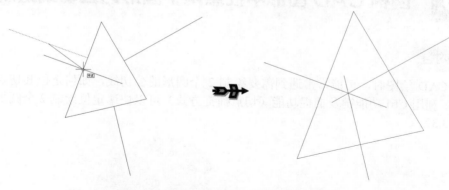

图 3.34　将垂直线移动至边线的中点位置

（4）以三角形 3 条边线垂直中线交点为圆心，以交点至三角形角点连线为半径绘制圆形，即可得到三角形的外接圆形。见图 3.35。

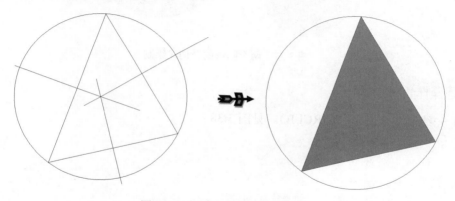

图 3.35　得到三角形的外接圆形

（5）可以标注圆心至三角形 3 个角点端点的距离检验。完成任意三角形的外接圆形绘制，见图 3.36。

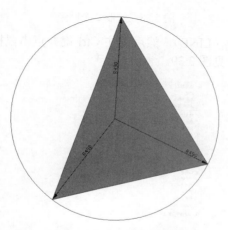

图 3.36　完成任意三角形的外接圆形绘制

3.9 园林 CAD 图形中任意两个圆形的公切线绘制技巧

🔘 技巧内容

使用 CAD 绘图时，可能常常遇到需要绘制 2 个圆形的公切线，如何定位其切点位置是不容易的。利用 Ctrl 功能键及捕捉功能（切点捕捉方式）可以快速定位绘制 2 个圆形的公切线。见图 3.37。

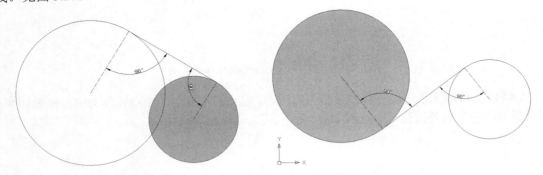

图 3.37　两个圆形的公切线绘制

🔘 技巧操作

（1）先绘制 2 个圆形（CIRCLE）。见图 3.38。

图 3.38　绘制 2 个圆形

（2）执行直线功能命令（LINE），然后按住 Ctrl 键并点击鼠标右键，在弹出的快捷菜单中选择"切点"捕捉方式。见图 3.39。

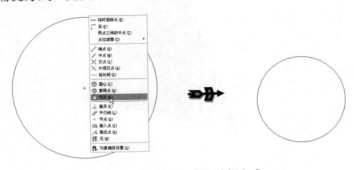

图 3.39　选择"切点"捕捉方式

（3）在其中一个圆形的圆周上点击确定直线(LINE)起点位置，该点位置为该圆周切点位置。见图 3.40。

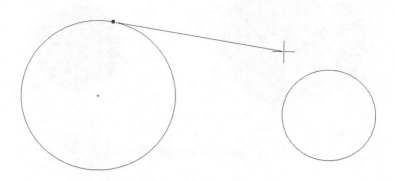

图 3.40　第一个圆周切点位置

（4）移动光标到另外一个圆形的圆周上，再次按住 Ctrl 键并点击鼠标右键，在弹出的快捷菜单中选择"切点"捕捉方式。见图 3.41。

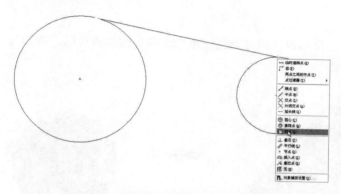

图 3.41　第 2 个圆周选择切点捕捉方式

（5）在该圆形的圆周上点击确定直线终点位置，然后按回车即可，该点位置为该圆周切点位置，直线即是 2 个圆形的公切线。见图 3.42。

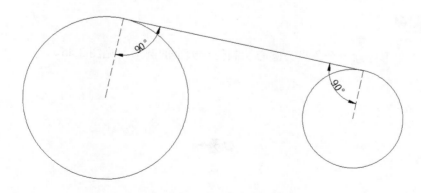

图 3.42　得到 2 个圆形的公切线

（6）2 个圆形另外位置的公切线同理绘制。见图 3.43。

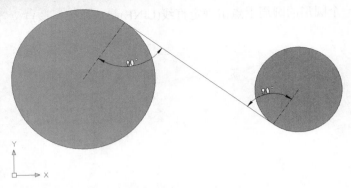

图 3.43　两个圆形另外位置的公切线

3.10　园林CAD图形中任意三角形内切圆精确绘制技巧

➔ 技巧内容

在 1 个任意的三角形内，精确绘制三角形 3 条边线的内切圆，圆形与三角形的 3 条边线均相切。见图 3.44。

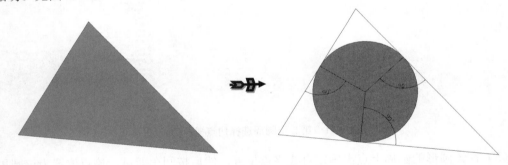

图 3.44　任意三角形内切圆精确绘制

➔ 技巧操作

（1）以三角形任意一个角点为圆心绘制任意大小的圆形。见图 3.45。

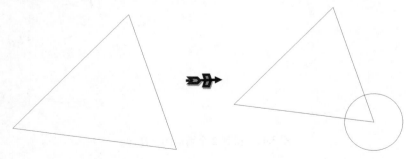

图 3.45　任意一个角点为圆心绘制圆形

（2）以角度的边线为界对圆形进行剪切，然后连接角度的角点及弧线的中点（使用中点捕捉方式），得到该角度的等分线。见图 3.46。

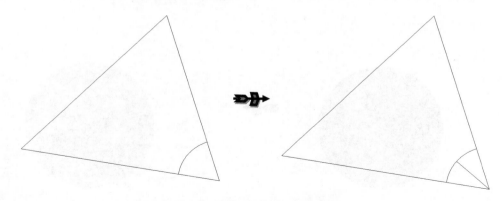

图 3.46　连接角度的角点及弧线的中点

（3）将连接线延伸（EXTEND）至对角边。按上述方法绘制三角形另外 2 个角度的等分线。三角形的角度等分线交于一点。见图 3.47。

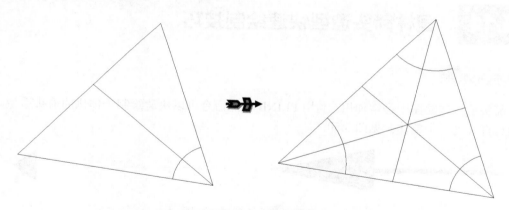

图 3.47　三角形的角度等分线交于一点

（4）从三角形角度等分线交点向三角形 3 条边线绘制垂直线（注意使用垂足捕捉）。三角形 3 条角度等分线交于点 A。见图 3.48。

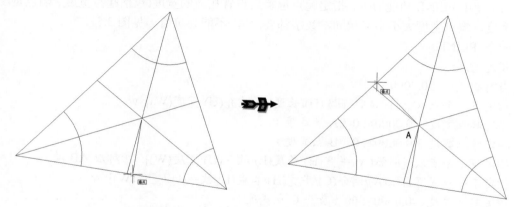

图 3.48　从交点向三角形 3 个边线绘制垂直线

（5）以三角形角度等分线交点 A 为圆心，以等分线交点至边线的垂直线为半径绘制圆形，该圆形即三角形的内切圆。最后删除多余线条即可。见图 3.49。

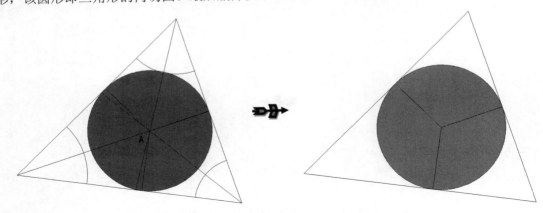

图 3.49　得到圆形即三角形的内切圆

3.11　园林箭头造型快速绘制技巧

➡ 技巧内容

箭头造型在绘图中经常使用。利用 PLINE 功能命令可以快速绘制一体化的箭头造型，即箭头与直线是一个整体。见图 3.50。

图 3.50　箭头造型快速绘制

➡ 技巧操作

（1）使用 PLINE 功能命令，指定起点位置后设置相应的宽度(包括起点宽度、端点宽度)，起点宽度、端点宽度大小不应相同，数字都要≥0，不能为负值。见图 3.51。

命令: PLINE
指定起点:
当前线宽为 30.0000
指定下一个点或 [圆弧(A)/半宽(H)/长度(L)/放弃(U)/宽度(W)]: w
　指定起点宽度 <0.0000>: 0（A 点宽度）
　指定端点宽度 <0.0000>: 0（B 点宽度）
指定下一个点或 [圆弧(A)/半宽(H)/长度(L)/放弃(U)/宽度(W)]:（对应 AB 段）
指定下一点或 [圆弧(A)/闭合(C)/半宽(H)/长度(L)/放弃(U)/宽度(W)]: w
　指定起点宽度 <0.0000>: 60（箭头 C 点宽度）
　指定端点宽度 <60.0000>: 0（箭头 D 点宽度）

指定下一点或 [圆弧(A)/闭合(C)/半宽(H)/长度(L)/放弃(U)/宽度(W)]：（对应 CD 段）
指定下一点或 [圆弧(A)/闭合(C)/半宽(H)/长度(L)/放弃(U)/宽度(W)]：

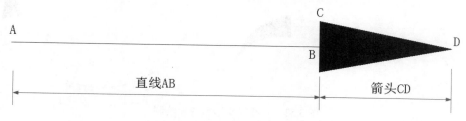

图 3.51　直线箭头绘制

（2）若设置相应的宽度(包括起点宽度、端点宽度)都大于 0，则得到的是梯形箭头造型。见图 3.52。

命令: PLINE
指定起点：
当前线宽为 0.0000
指定下一个点或 [圆弧(A)/半宽(H)/长度(L)/放弃(U)/宽度(W)]: W
指定起点宽度 <0.0000>: 15（A 点宽度）
指定端点宽度 <15.0000>: 15（B 点宽度）
指定下一个点或 [圆弧(A)/半宽(H)/长度(L)/放弃(U)/宽度(W)]：（对应 AB 段）
指定下一点或 [圆弧(A)/闭合(C)/半宽(H)/长度(L)/放弃(U)/宽度(W)]: W
指定起点宽度 <15.0000>: 150（箭头 C 点宽度）
指定端点宽度 <150.0000>: 50（箭头 D 点宽度）
指定下一点或 [圆弧(A)/闭合(C)/半宽(H)/长度(L)/放弃(U)/宽度(W)]：（对应 DE 段）
指定下一点或 [圆弧(A)/闭合(C)/半宽(H)/长度(L)/放弃(U)/宽度(W)]：

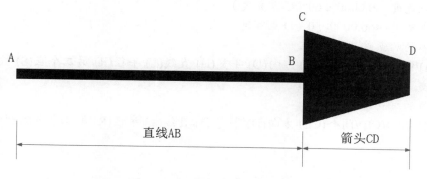

图 3.52　梯形箭头造型绘制

3.12　园林弧线箭头造型快速绘制技巧

➜ 技巧内容

弧线箭头造型在绘图中虽然不是经常使用，但有时也会使用到。利用 PLINE 功能命令可以快速绘制一体化的弧线箭头造型，即弧线箭头与直线或弧线是一个整体。见图 3.53。

图 3.53 弧线箭头造型快速绘制

➡ 技巧操作

（1）使用 PLINE 功能命令，先绘制直线，然后绘制弧线箭头（输入 A 绘制，再输入 W 设置箭头的起点宽度、端点宽度大小，即可绘制箭头）。见图 3.54。

命令:PLINE
指定起点:
当前线宽为 0.0000
指定下一个点或 [圆弧(A)/半宽(H)/长度(L)/放弃(U)/宽度(W)]: W
指定起点宽度 <0.0000>: 0（A 点宽度）
指定端点宽度 <0.0000>: 0（B 点宽度）
指定下一个点或 [圆弧(A)/半宽(H)/长度(L)/放弃(U)/宽度(W)]: （对应 AB 段）
指定下一点或 [圆弧(A)/闭合(C)/半宽(H)/长度(L)/放弃(U)/宽度(W)]: A
指定圆弧的端点或
[角度(A)/圆心(CE)/闭合(CL)/方向(D)/半宽(H)/直线(L)/半径(R)/第二个点(S)/放弃(U)/宽度(W)]: W
指定起点宽度 <0.0000>: 60（C 点宽度）
指定端点宽度 <60.0000>: 0（D 点宽度）
指定圆弧的端点或
[角度(A)/圆心(CE)/闭合(CL)/方向(D)/半宽(H)/直线(L)/半径(R)/第二个点(S)/放弃(U)/宽度(W)]: <正交 关>（对应 CD 段）
指定圆弧的端点或
[角度(A)/圆心(CE)/闭合(CL)/方向(D)/半宽(H)/直线(L)/半径(R)/第二个点(S)/放弃(U)/宽度(W)]:

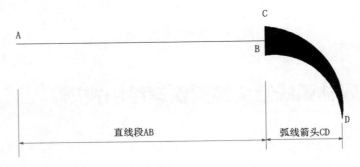

图 3.54 直线与弧线箭头造型绘制

（2）也可以先输入 A 绘制弧线，再绘制箭头。在其中输入 l 切换绘制直线型的箭头，若不输入 l 切换，则箭头是弧线形的。见图 3.55。

命令: PLINE

指定起点:

当前线宽为 0.0000

指定下一个点或 [圆弧(A)/半宽(H)/长度(L)/放弃(U)/宽度(W)]: W

指定起点宽度 <0.0000>: 0（A 点宽度）

指定端点宽度 <0.0000>: 0（B 点宽度）

指定下一个点或 [圆弧(A)/半宽(H)/长度(L)/放弃(U)/宽度(W)]: A（输入 A 先绘制弧线）

指定圆弧的端点或

[角度(A)/圆心(CE)/方向(D)/半宽(H)/直线(L)/半径(R)/第二个点(S)/放弃(U)/宽度(W)]: （对应弧线 AB 段）

指定圆弧的端点或

[角度(A)/圆心(CE)/闭合(CL)/方向(D)/半宽(H)/直线(L)/半径(R)/第二个点(S)/放弃(U)/宽度(W)]: W

指定起点宽度 <0.0000>: 60（C 点宽度）

指定端点宽度 <60.0000>: 0（D 点宽度）

指定圆弧的端点或

[角度(A)/圆心(CE)/闭合(CL)/方向(D)/半宽(H)/直线(L)/半径(R)/第二个点(S)/放弃(U)/宽度(W)]: l(输入 l 绘制直线箭头)

指定下一点或 [圆弧(A)/闭合(C)/半宽(H)/长度(L)/放弃(U)/宽度(W)]: （对应 CD 段直线箭头）

指定下一点或 [圆弧(A)/闭合(C)/半宽(H)/长度(L)/放弃(U)/宽度(W)]:

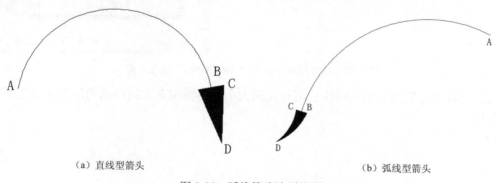

（a）直线型箭头　　　　　　　　　　　　　　（b）弧线型箭头

图 3.55　弧线箭头造型绘制

3.13　园林 CAD 图中钢筋混凝土图形符号绘制技巧

→ 技巧内容

在 CAD 绘图中，常常遇到需要使用钢筋混凝土图案造型。一般情况下，CAD 填充图案中一般只有混凝土图案、斜线图案，没有可以直接使用的钢筋混凝土图案。此时，可以通过二次填充的方法快速得到钢筋混凝土图案造型。见图 3.56。

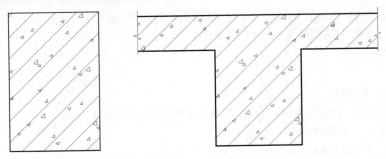

图 3.56　钢筋混凝土填充图案造型绘制

➔ 技巧操作

（1）先绘制好轮廓图形，然后选择混凝土图案"AR-CONC"进行填充（HATCH）。见图 3.57。

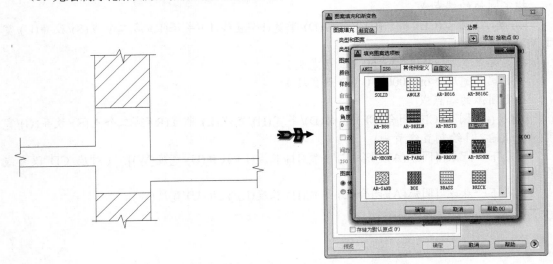

图 3.57　选择混凝土图案"AR-CONC"进行填充

（2）混凝土造型图案填充时注意填充比例大小，不同填充比例得到的混凝土造型不同。见图 3.58。

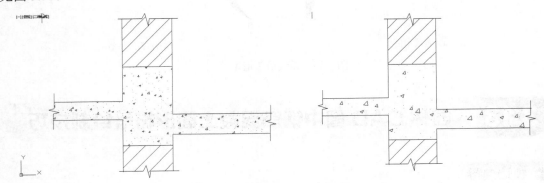

图 3.58　不同填充比例混凝土造型

（3）在同一范围再选择斜线图案"ANSI31"进行图案填充，填充的 2 个图案共同构成钢筋混凝土图案造型。同样需要注意设置合适的填充比例，否则效果可能不理想。见图 3.59。

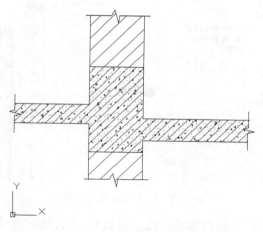

图 3.59　二次填充得到钢筋混凝土造型图案

3.14　云线在园林 CAD 绘图中的使用技巧

技巧内容

在 CAD 绘图中可以利用云线注明最近修改的内容和位置，方便查阅图纸修改内容。见图 3.60。

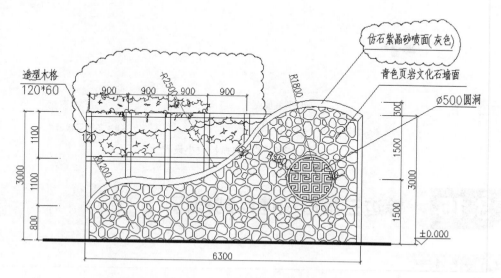

图 3.60　利用云线注明最近修改内容和位置

技巧操作

（1）修改完成图形后，使用云线 REVCLOUD 功能标注修改的内容范围。见图 3.61。

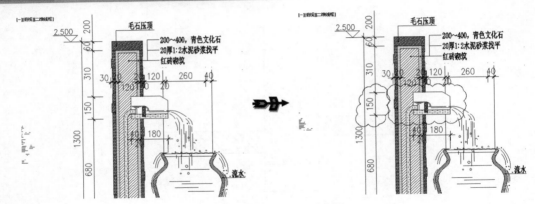

图 3.61　标注修改图纸范围

（2）注意，先设置合适云线的弧线长度（弧长）。若云线的弧线长度太大或太小，绘制的云线效果或许不美观、不明显。见图 3.62。

命令: REVCLOUD

最小弧长: 0.5　　最大弧长: 0.5　　样式: 普通

指定起点或 [弧长(A)/对象(O)/样式(S)] <对象>: a（设置弧长）

指定最小弧长 <0.5>: 150

指定最大弧长 <150>: 200

指定起点或 [弧长(A)/对象(O)/样式(S)] <对象>:

沿云线路径引导十字光标...

云线弧长偏小　　　　　　　　　云线弧长偏大

（a）云线弧长轮廓大小　　　　　　　　　　（b）各种形状云线

图 3.62　云线弧长大小设置

3.15 等边三角形快速绘制技巧

⊙ 技巧内容

在 CAD 绘图中可以利用命令 polygon 快速绘制等边三角形。见图 3.63。

⊙ 技巧操作

（1）打开"绘图"下拉菜单选择"多边形"命令选项或在命令行提示下直接输入 POLYGON 命令。然后依次输入边数 3、指定边位置的 E，切换到屏幕上，见图 3.64。

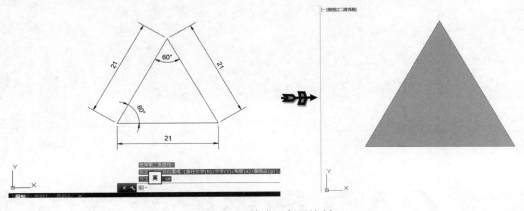

图 3.63 等边三角形绘制

命令: polygon 输入侧面数 <3>: 3
指定正多边形的中心点或 [边(E)]: E
指定边的第一个端点: 指定边的第二个端点: 21

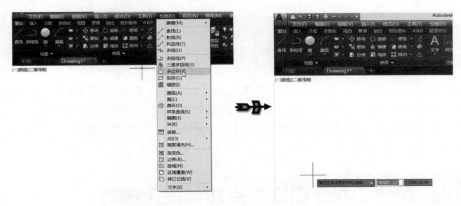

图 3.64 指定等边三角形边位置

（2）指定边另外一个点位置或输入边的长度 21，回车确认即可得到等边三角形。见图 3.65。

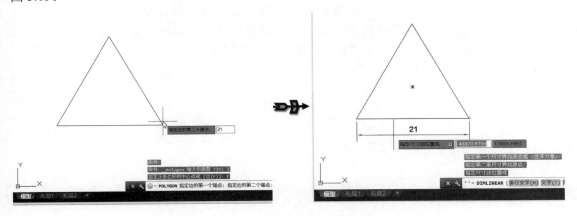

图 3.65 回车确认即可得到等边三角形

第 **4** 章

园林 CAD 图形修改技巧快速提高

园林 CAD 图形绘制中,修改和编辑图形是必不可少的。对园林 CAD 图形的修改,有许多技巧和方法可以快速得到修改效果,有效地提高修改速度,显著地减少修改操作时间。这些图形修改技巧和方法是实践操作总结得到的,十分实用。本章将介绍部分高效实用的园林 CAD 图形修改技巧和方法。

4.1 园林 CAD 图形夹点功能使用技巧

➔ **技巧提示**

CAD 图形中夹点,通俗说是选中图形后,图形图线上所显示的小方块。可以使用不同类型的夹点和夹点模式以其他方式重新塑造、移动或操纵图形对象。要显示夹点,方法是在打开的"工具"下拉菜单选中"选项",在"选项"对话框中的"选择集"选项卡中勾取选择"显示夹点",单击"确定"完成。见图 4.1。

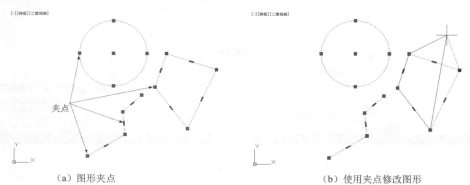

(a) 图形夹点   (b) 使用夹点修改图形

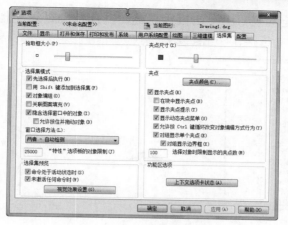

（c） 显示夹点设置

图 4.1　图形夹点使用技巧

> 🡒 操作方法

（1）要使用夹点，先要选中图形，然后点击其中的小方块，该方块将改变颜色。此时可以直接移动光标，该图形被选中的夹点的端点将随光标移动改变图形形状。一般情况，选择一个对象夹点以使用默认夹点模式（拉伸）或按 Enter 键或空格键来循环浏览其他夹点模式（移动、旋转、缩放和镜像）。见图 4.2。

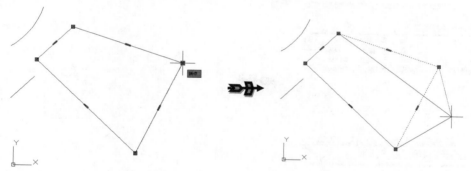

图 4.2　移动夹点改变图形形状

（2）如果点击的是图线中点的小长方形夹点，则整个线段随光标移动，而不仅是端点移到。见图 4.3。

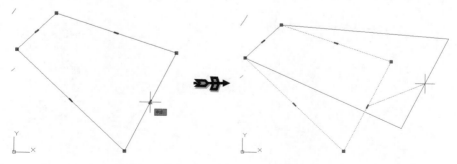

图 4.3　图线中点夹点使用

71

（3）也可以在选定的夹点上单击鼠标右键，以查看快捷菜单上的所有可用选项。使用相应快捷键即可进行相应操作。见图4.4。

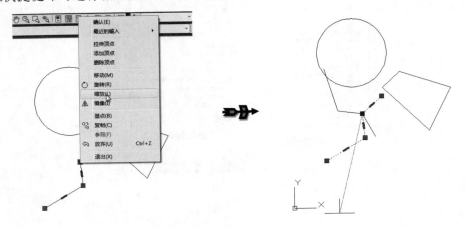

图4.4　夹点快捷键使用

（4）注意，在使用夹点功能时，锁定图层上的对象不显示夹点；选择多个共享重合夹点的对象时，可以使用夹点模式编辑这些对象；任何特定于对象或夹点的选项将不可用。见图4.5。

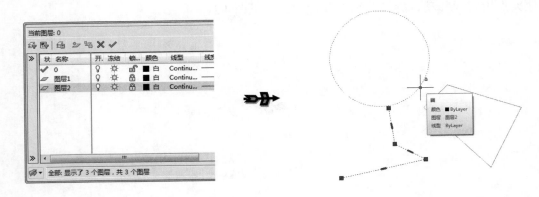

图4.5　锁定图层上的对象不显示夹点

（5）选择图形对象后点击夹点,然后点击鼠标右键，在弹出的快捷菜单中选择相应的功能即可进行相应功能操作。见图4.6。

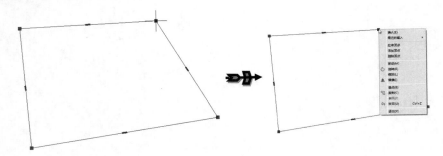

图4.6　夹点快捷菜单操作

（6）使用夹点进行拉伸的技巧，见图4.7。

a. 当选择对象上的多个夹点来拉伸对象时，选定夹点间的对象的形状将保持原样。要选择多个夹点，应按住 Shift 键，然后选择适当的夹点。

b. 文字、块参照、直线中点、圆心和点对象上的夹点将移动对象而不是拉伸它。

c. 当二维对象位于当前 UCS 之外的其他平面上时，将在创建对象的平面上（而不是当前 UCS 平面上）拉伸对象。

d. 如果选择象限夹点来拉伸圆或椭圆，然后在输入新半径命令提示下指定距离（而不是移动夹点），此距离是指从圆心而不是从选定的夹点测量的距离。

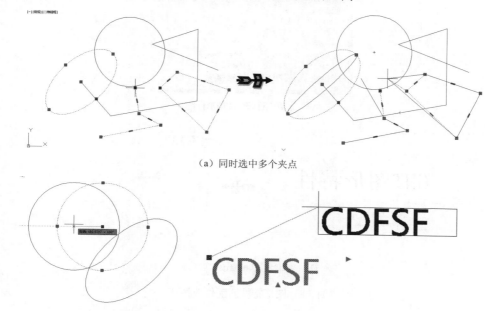

（a）同时选中多个夹点

（b）圆心和文字等夹点功能使用

图 4.7 夹点使用其他技巧

4.2 园林 CAD 图形特性匹配使用技巧

➡ 技巧提示

图形特性匹配是指选定图形对象的特性应用于其他图形对象。可应用的特性类型包含颜色、图层、线型、线型比例、线宽、打印样式、透明度和其他指定的特性。利用图形特性匹配可以快速修改某些图形线型、文字高度、图层、颜色等，对图形快速修改和图形组织归类有作用。见图4.8。

命令:MATCHPROP

选择源对象:

当前活动设置: 颜色 图层 线型 线型比例 线宽 透明度 厚度 打印样式 标注 文字 图案填充 多段线 视口 表格材质 阴影显示 多重引线

选择目标对象或 [设置(S)]: S（输入 S 设置允许匹配的图形特性）

当前活动设置: 颜色 图层 线型 线型比例 线宽 透明度 厚度 标注 文字 图案填充

多段线 视口 表格材质 阴影显示 多重引线

　　选择目标对象或 [设置(S)]: 指定对角点:

　　选择目标对象或 [设置(S)]:

　　选择目标对象或 [设置(S)]:

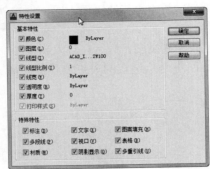

（a）设置允许匹配的图形特性

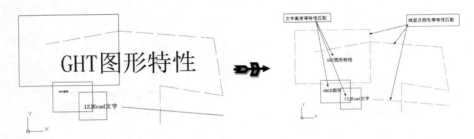

（b）利用特性匹配修改图形文字

图 4.8　图形特性匹配修改技巧

⊙ 操作方法

　　（1）图中文字高度和图层需要统一，按中间高度大小的文字为准。此时可以利用特性匹配功能快速实现。打开"修改"下拉菜单选择"特性匹配"选项，或在"标准"工具栏上点击"特性匹配"图标，或在命令行输入 MATCHPROP 即可。出现一个刷子形状光标，先点击选取原图形对象，然后选择点击目标对象，即可将其特性复制到后选中的图形对象。见图 4.9。

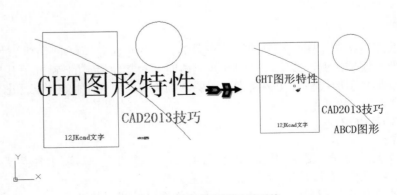

图 4.9　文字高度和图层需要统一

（2）特性匹配常常也用在统一尺寸标注样式。操作方法同上述。见图 4.10。

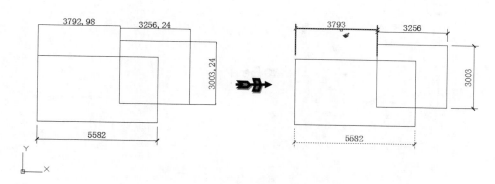

图 4.10　标注尺寸样式统一

4.3　选择园林 CAD 图形对象技巧

➔ 技巧提示

在进行绘图时，需要经常选择图形对象进行操作。AutoCAD 提供了多种图形选择方法，其中最为常用的方式是光标点击选取、窗口选取。其中有一些选择操作技巧和选择方法值得掌握。见图 4.11。

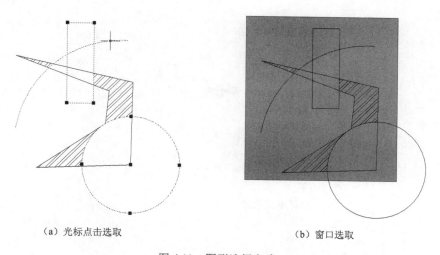

（a）光标点击选取　　　　　　　　　　（b）窗口选取

图 4.11　图形选择方式

➔ 操作方法

（1）点击选择图形对象是使用矩形拾取框光标放在要选择对象的位置，将亮显对象，单击可以选择图形对象，要选择多个对象，多次点击即可。若要从已经选中的图形对象集中剔除某个图形不选择，则通过按住 Shift 键并再次选择对象，可以将图形对象从当前选择集中剔除。见图 4.12。

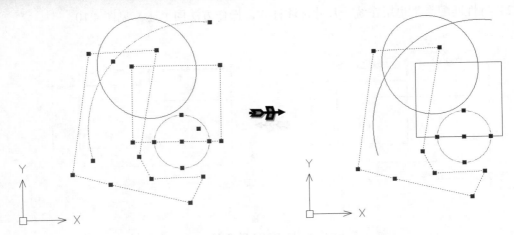

图 4.12　使用 Shift 键从选中图形剔除选择

（2）使用矩形窗口选择图形对象时，窗口操作方法不同，选择的图形范围不同。矩形窗口选择图形从第一点向对角点拖动光标的方向将确定选择的对象。一般情况下，使用"窗口选择"选择对象时，通常整个对象都要包含在矩形选择区域中才能选中。

a. 窗口选择（覆盖式）。从左向右拖动光标，仅选择完全位于矩形区域中的对象（自左向右方向，即从第 A 点至第 B 点方向进行选择）。部分或大部分位于矩形区域中的图形对象均不能选中。见图 4.13（a）。

b. 窗交选择（穿越式）。从右向左拖动光标，以选择矩形窗口包围的或相交的对象（自右向左方向，即从第 A 点至第 B 点方向进行选择）。只要与窗口接触的图形对象均选中。见图 4.13（b）。

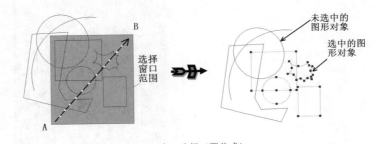

（a）窗口选择（覆盖式）

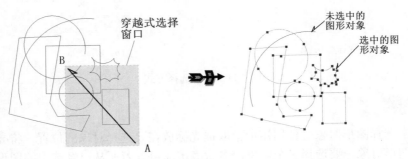

（b）窗交选择（穿越式）

图 4.13　图形选择方式

76

4.4 从已经选中园林 CAD 图形对象集中放弃选择部分图形对象技巧

➡ 技巧提示

在进行绘图时，经常需要从已经选中 CAD 图形对象集中放弃选择部分图形对象，而不用重新进行选择，避免重复操作，减少操作工作量。操作使用"R 功能"可以实现这种选择方法，具体参见下面操作方法。见图 4.14。

➡ 操作方法

（1）执行相应图形的操作功能命令（如移动、复制、旋转、镜像等，此处以移动图形对象为例）后，使用窗口方式选择图形对象。图 4.15 中虚线所示的图形对象为已经选中。

（2）要剔除放弃已经选中的部分图形，在命令提示内容后面如"选择对象:"输入"R"后按回车（参见下面命令提示），然后点击选择要剔除的已经选中的图形。见图 4.16。

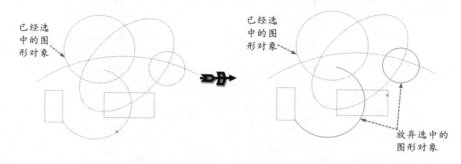

图 4.14　从已经选中 CAD 图形对象集中放弃选择部分图形

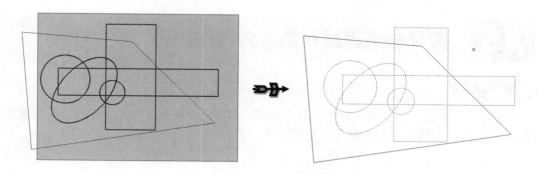

图 4.15　虚线所示的图形对象为已经选中

命令: MOVE
选择对象: 指定对角点: 找到 5 个，总计 5 个
选择对象: R（输入 r 准备剔除不选择图形）
删除对象: 找到 1 个，删除 1 个，总计 4 个
删除对象: 找到 1 个，删除 1 个，总计 3 个
删除对象:
指定基点或 [位移(D)] <位移>:

指定第二个点或 <使用第一个点作为位移>:

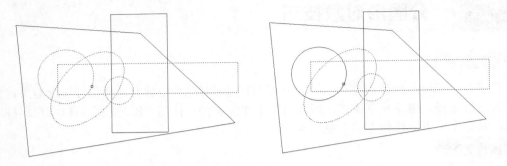

图 4.16　点击选择要剔除的已经选中的图形

（3）按回车即可进行移动等相关操作。见图 4.17。

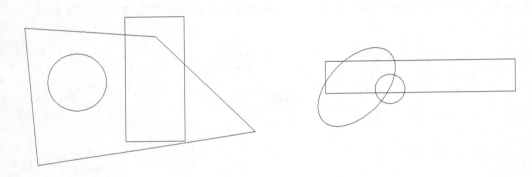

图 4.17　进行相关操作（移动图形对象）

4.5 园林任意直线线条等分操作技巧

➲ 技巧提示

进行直线等分时，快速确定定位等分点位置。如要将某条直线等分为 5 段，快速确定等分点 A、B、C、D 的准确定位位置。见图 4.18。

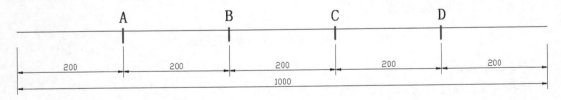

图 4.18　将直线等分为 5 段

➲ 操作方法

（1）先设置点的形式。打开"格式"下拉菜单选择"点样式"选项，在"点样式"对话框中选择样式。见图 4.19。

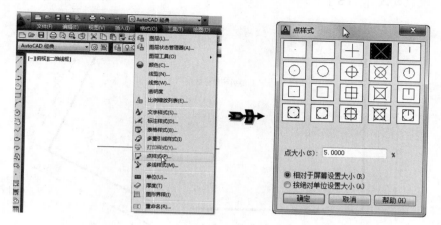

图 4.19　设置点的形式

（2）执行 DIVIDE 功能命令，即可等分直线。显示点样式的位置就是等分位置点。见图 4.20。

命令: DIVIDE
选择要定数等分的对象:
输入线段数目或 [块(B)]: 5

图 4.20　得到等分结果

（3）标注一下各个等分格尺寸即可知道等分是否正确。见图 4.21。

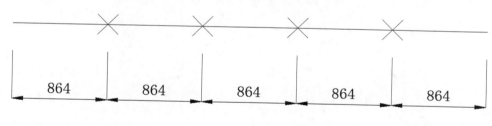

| 864 | 864 | 864 | 864 | 864 |

图 4.21　等分标注

（4）此外需注意，对使用 PLINE 功能命令绘制的多段线，等分时按一条直线等分，即转弯处计算为 1 个等分格。见图 4.22。

命令: DIVIDE
选择要定数等分的对象:

输入线段数目或 [块(B)]: 9

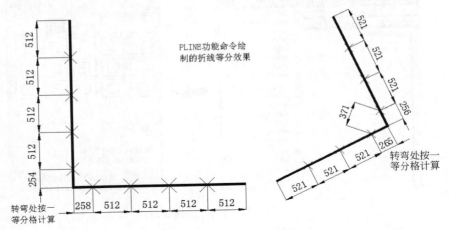

图 4.22　多段线（PLINE）等分

4.6　园林任意弧线线条等分及标注技巧

➤ 技巧提示

除了进行直线等分，还可以进行弧线等分，并快速确定定位等分点位置。弧线等分是弧线长度相等，不是水平或垂直间距相等。如要将某条弧线等分为 6 段，快速确定等分点 A、B、C、D、E 的准确定位。见图 4.23。

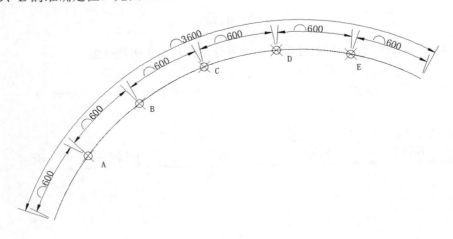

图 4.23　弧线等分

➤ 操作方法

（1）先设置作为等分标识点的形式。打开"格式"下拉菜单选择"点样式"选项，在"点样式"对话框中选择样式。见图 4.24。

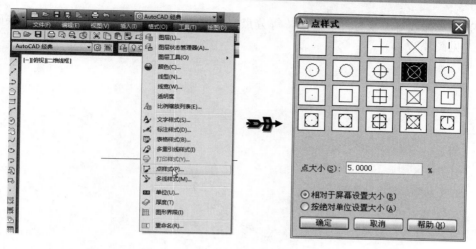

图 4.24　设置作为等分标识点的形式

（2）执行 DIVIDE 功能命令，选择弧线输入等分段数即可等分。显示点样式的位置就是等分位置点。见图 4.25。

命令: DIVIDE

选择要定数等分的对象:

输入线段数目或 [块(B)]: 6

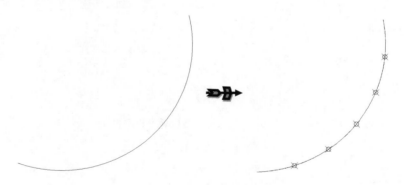

图 4.25　得到弧线等分结果

（3）要标注弧线各个等分段的长度，不能直接进行标注，需要先按等分格弧线段弧度及长度绘制一段弧线，然后标注其等分长度。见图 4.26。

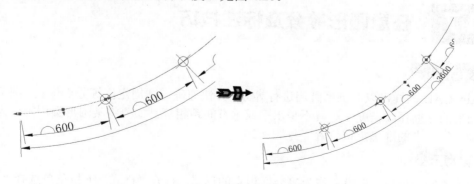

图 4.26　弧线等分长度标注

（4）完成弧线等分及标注。注意，等分点位置标志符号是可以删除的，根据需要确定是否删除。见图 4.27。

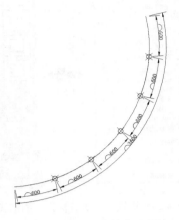

图 4.27　完成弧线等分及标注

（5）对用 SPLINE 功能命令绘制的样条曲线按相同方法可以等分，但等分的也是弧线长度，非水平或垂直间距长度等分。见图 4.28。

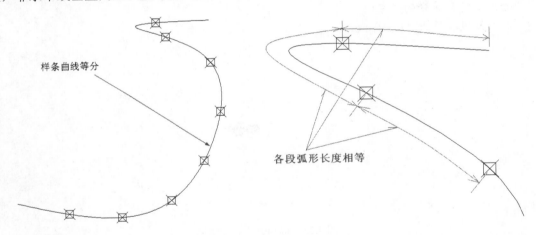

图 4.28　样条曲线等分

4.7　任意圆形等分及标注技巧

技巧提示

AutoCAD 同样可以对圆形圆周进行等分，并快速确定圆周定位等分点位置。圆形圆周等分是圆形的圆周弧线长度相等，不是水平或垂直间距相等。如要将某圆形圆周等分为 9 段，快速确定等分点的准确定位位置。见图 4.29。

操作方法

（1）绘制圆形后，先设置作为等分标识点的形式。打开"格式"下拉菜单选择"点样式"

选项，在"点样式"对话框中选择样式。见图 4.30。

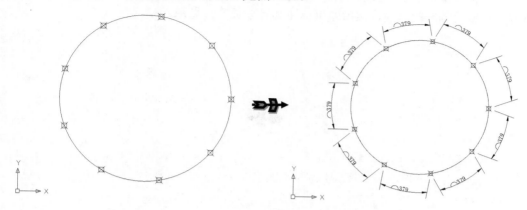

图 4.29　圆形圆周等分

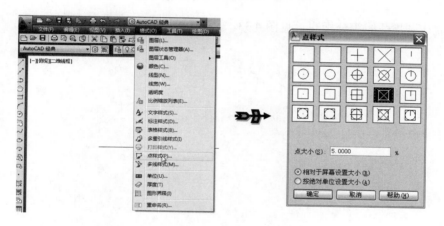

图 4.30　设置点的形式

（2）执行 DIVIDE 功能命令，选择圆形后输入等分段数即可等分。显示点样式的位置就是等分位置点。见图 4.31。

命令: DIVIDE

选择要定数等分的对象:

输入线段数目或 [块(B)]: 9

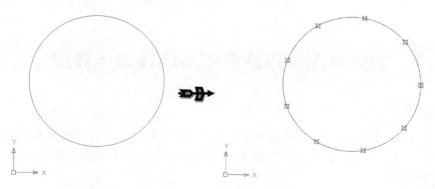

图 4.31　得到圆周等分结果

（3）要标注圆形圆周弧线各个等分段的长度，不能直接进行标注。需要先按等分格弧线段弧度及长度绘制一段弧线，然后即可标注其等分长度。见图4.32。

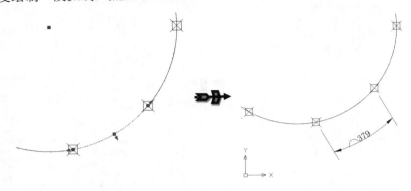

图 4.32　圆周弧线等分长度标注

（4）完成圆周弧线等分标注，见图 4.33。

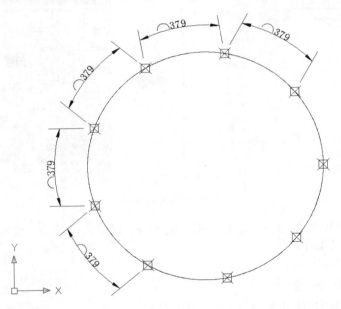

图 4.33　完成圆周弧线等分标注

4.8　将多条园林直线或弧形连接为一体技巧

技巧提示

在实际 CAD 应用中，常常遇到多条首尾衔接的直线或弧形，有时需要将其修改为 1 条整体的线条，使用起来比较方便。该要求可以通过使用 PEDIT 功能命令来完成。见图 4.34。

操作方法

（1）先绘制好各段线条，同时确保 2 条线段之间其首尾端点是完全重合的。见图 4.35。

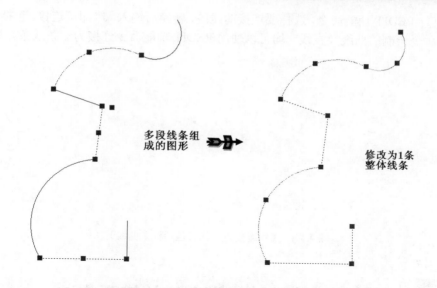

图 4.34　多段线条连接为一体

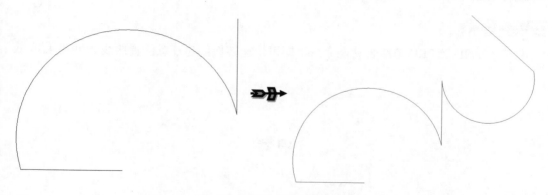

图 4.35　先绘制好各段线条

（2）注意，若 2 条线段之间其首尾端点不完全重合，不能连接为一体，2 条线段相互交叉或线条中间交叉都不能进行连接操作。需要调整端点完全一致。见图 4.36。

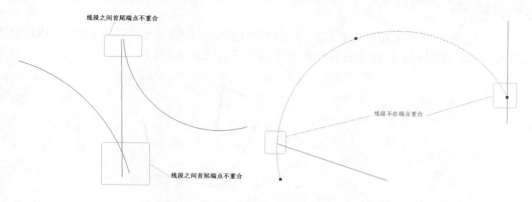

图 4.36　线条端点不重合情况

（3）执行 PEDIT 功能命令，选择要连接的线段，转换后输入"J"即可连接。包括 SPLINE、ARC 功能命令绘制的曲线及直线，均可以使用 PEDIT 功能命令连接为一条线条。见图 4.37。

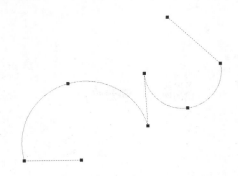

图 4.37　线条连接为一体（包括样条曲线）

4.9　园林折线快速转变为曲线的技巧方法

技巧提示

使用 PLINE 及 PEDIT 组合功能命令，即可快速转换创建任意位置曲线。见图 4.38。

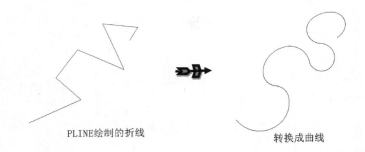

PLINE绘制的折线　　　　　　　　转换成曲线

图 4.38　折线转快速换成曲线

操作方法

（1）先使用 PLINE 功能绘制折线，可以按曲线方向角度位置绘制。若使用 PLINE 设置有宽度的折线，则得到的曲线也是有相同宽度的曲线。见图 4.39。

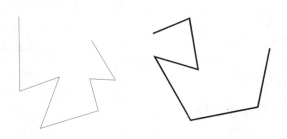

图 4.39　先使用 PLINE 功能绘制折线（不同宽度）

（2）使用 PEDIT 功能将所绘制折线切换成曲线。见图 4.40。

命令: PEDIT

选择多段线或 [多条(M)]:

输入选项 [闭合(C)/合并(J)/宽度(W)/编辑顶点(E)/拟合(F)/样条曲线(S)/非曲线化(D)/线型生成(L)/反转(R)/放弃(U)]: F（输入 F 切换成曲线）

输入选项 [闭合(C)/合并(J)/宽度(W)/编辑顶点(E)/拟合(F)/样条曲线(S)/非曲线化(D)/线型生成(L)/反转(R)/放弃(U)]:

（3）注意，若使用 PLINE 绘制的是一段直线，则不能切换成曲线。直线段数至少 2 段以上。见图 4.41。

图 4.40　将所绘制折线切换成曲线（不同宽度）

不能转换成曲线　　　　　2段以上

图 4.41　折线段数要求

4.10　园林 CAD 图形中多线交叉处快速编辑修改技巧

➔ 技巧提示

使用多线 MLINE 功能命令绘制图形时，其交叉处编辑修改不是很方便，不太容易修改。直接使用 TRIM 功能命令进行剪切也不理想。此时，结合使用分解功能可以快速编辑修改。见图 4.42。

➔ 操作方法

（1）先使用 MLINE 绘制多线图形，然后执行分解功能命令（EXPLODE）将多线分解。见图 4.43。

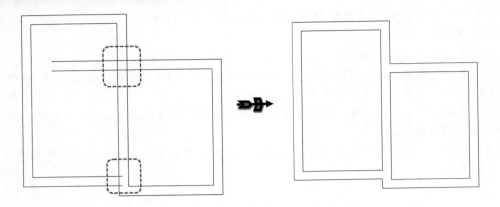

图 4.42　多线（MLINE）交叉处快速编辑修改

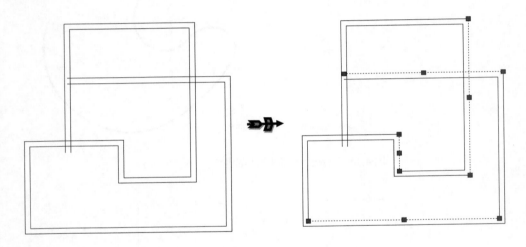

图 4.43　将多线分解

（2）执行 TRIM 或 CHAMFER 功能命令，对分解后的多线线条交叉处进行剪切修改。见图 4.44。

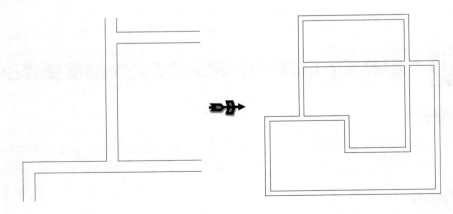

图 4.44　对分解后的多线线条交叉处进行剪切修改

4.11 园林任意直线和曲线线条快速加粗技巧

技巧提示

在 CAD 绘图中，常常需要加粗或修改线条的粗细。利用 PEDIT 功能命令可以快速完成线条粗细修改。此外，圆形和椭圆形因不能转换为多段线，不能使用 PEDIT 功能命令直接修改其粗细。见图 4.45。

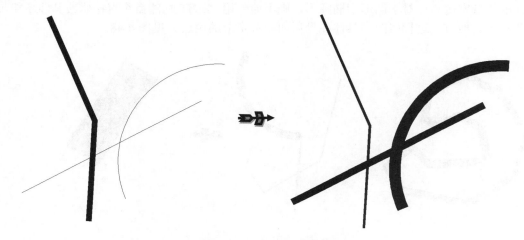

图 4.45　快速完成线条粗细修改

操作方法

（1）先绘制要修改粗细的图形线条。见图 4.46。

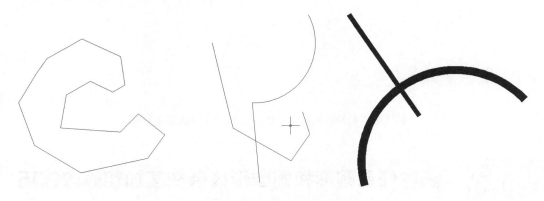

图 4.46　需要修改粗细的线条

（2）执行 PEDIT 功能命令，选择要修改粗细的线条，输入 W 后输入新的数值即可改变粗细。若线条不是使用 PLINE 功能命令绘制的，则需要先转换线条为多段线。见图 4.47。

命令: PEDIT

选择多段线或 [多条(M)]: M

选择对象: 指定对角点: 找到 6 个

选择对象:

是否将直线、圆弧和样条曲线转换为多段线？[是(Y)/否(N)]? <Y> Y

输入选项 [闭合(C)/打开(O)/合并(J)/宽度(W)/拟合(F)/样条曲线(S)/非曲线化(D)/线型生成(L)/反转(R)/放弃(U)]: W

指定所有线段的新宽度: 30

输入选项 [闭合(C)/打开(O)/合并(J)/宽度(W)/拟合(F)/样条曲线(S)/非曲线化(D)/线型生成(L)/反转(R)/放弃(U)]:

（3）注意，可以使用 PEDIT 功能命令修改包括矩形、使用 SPLINE 功能命令绘制的样条曲线的线条宽度。但对于圆形和椭圆形，则不能使用 PEDIT 功能命令直接修改其线条粗细。需要使用其他方法进行修改，具体参见后面相关章节的论述。见图 4.48。

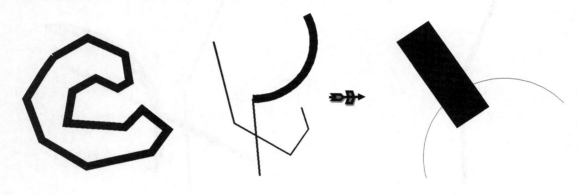

图 4.47　修改后粗细效果

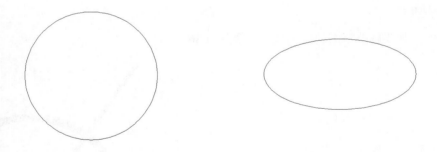

图 4.48　圆形和椭圆形不能使用 PEDIT 修改线条粗细

4.12　园林任意圆形和椭圆形线条快速加粗修改技巧

➡ 技巧提示

在 CAD 绘图中，加粗圆形或椭圆形的线条比较不方便，有的读者可能不知道如何加粗。其实，同样有一些技巧可以快速加粗圆形或椭圆形线条。方法是使用 BREAK 和 PEDIT 组合功能命令。见图 4.49。

➡ 操作方法

（1）绘制圆形或椭圆形后，使用 BREAK 功能命令将其线条打断。注意，打断时点击第

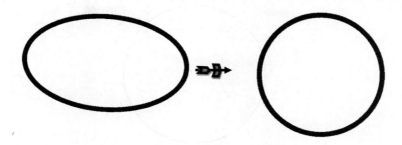

图 4.49　圆形和椭圆形线条快速加粗

一个打断点与第二个打断点位置距离十分近，需要放大才能看到。见图 4.50。

　　命令: BREAK

　　选择对象:

　　指定第二个打断点 或 [第一点(F)]: F

　　指定第一个打断点:

　　指定第二个打断点:

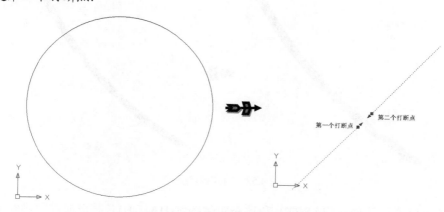

图 4.50　打断圆形或椭圆形弧线

（2）使用 PEDIT 进行线条粗细修改。见图 4.51。

　　命令: PEDIT

　　选定的对象不是多段线

　　是否将其转换为多段线? <Y> Y

　　输入选项 [闭合(C)/合并(J)/宽度(W)/编辑顶点(E)/拟合(F)/样条曲线(S)/非曲线化(D)/线型生成(L)/反转(R)/放弃(U)]:W

　　指定所有线段的新宽度: 150

　　输入选项 [闭合(C)/合并(J)/宽度(W)/编辑顶点(E)/拟合(F)/样条曲线(S)/非曲线化(D)/线型生成(L)/反转(R)/放弃(U)]:

（3）若要封闭断线处，可以使用 PLINE 按相同宽度线条绘制即可。见图 4.52。

　　命令: PLINE

　　指定起点:

　　当前线宽为 0.0000

　　指定下一个点或 [圆弧(A)/半宽(H)/长度(L)/放弃(U)/宽度(W)]: W

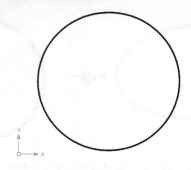

图 4.51　修改线条粗细

指定起点宽度 <0.0000>: 160
指定端点宽度 <160.0000>: 160
指定下一个点或 [圆弧(A)/半宽(H)/长度(L)/放弃(U)/宽度(W)]:
指定下一点或 [圆弧(A)/闭合(C)/半宽(H)/长度(L)/放弃(U)/宽度(W)]:

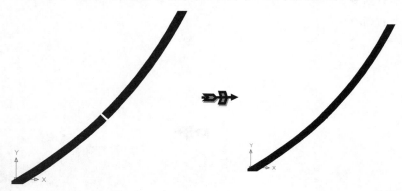

图 4.52　封闭断线处

（4）还可以通过偏移（OFFSET）和填充实体图案(HATCH)对圆形或椭圆形线条进行加粗。填充图案选择实体"SOLID"。见图 4.53。

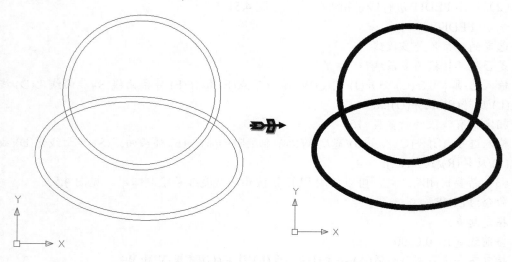

图 4.53　填充实体加粗圆形或椭圆形线线条

4.13 园林两条线段快速无缝平齐对接技巧

➔ 技巧提示

　　在 CAD 绘图中，常常遇到两条线段，在线段端部有一定间距或相互交叉，但需要将其端点无缝平齐连起来。此时可以使用 CHAMFER 功能命令快速完成。见图 4.54。

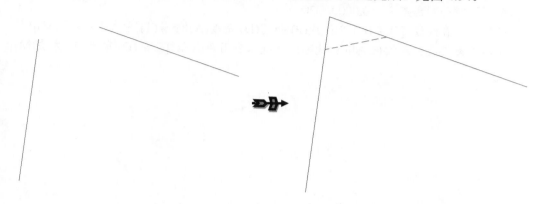

图 4.54　线段无缝快速自动平齐对接

➔ 操作方法

　　（1）对 2 条不平行的线条执行 CHAMFER 功能命令，并设置倒角距离为 "0" 即可。注意平行线不能使用此功能。见图 4.55。

命令:CHAMFER
（"修剪"模式）当前倒角距离 1 = 2.0000，距离 2 =30.0000
选择第一条直线或 [放弃(U)/多段线(P)/距离(D)/角度(A)/修剪(T)/方式(E)/多个(M)]:　D
指定 第一个 倒角距离 <2.0000>: 0
指定 第二个 倒角距离 <30.0000>: 0
选择第一条直线或 [放弃(U)/多段线(P)/距离(D)/角度(A)/修剪(T)/方式(E)/多个(M)]:
选择第二条直线，或按住 Shift 键选择直线以应用角点或 [距离(D)/角度(A)/方法(M)]:

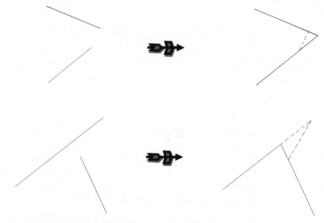

图 4.55　倒角距离为 "0" 的无缝平齐连接效果

93

（2）另外，若倒角距离不为"0"，则2段线条端点之间由直线连接，变为三段直线线条。见图4.56。

命令:CHAMFER

（"修剪"模式）当前倒角距离 1 =0.0000，距离 2 =0.0000

选择第一条直线或 [放弃(U)/多段线(P)/距离(D)/角度(A)/修剪(T)/方式(E)/多个(M)]: D

指定 第一个 倒角距离 <0.0000>:30

指定 第二个 倒角距离 <0.0000>: 20

选择第一条直线或 [放弃(U)/多段线(P)/距离(D)/角度(A)/修剪(T)/方式(E)/多个(M)]:

选择第二条直线，或按住 Shift 键选择直线以应用角点或 [距离(D)/角度(A)/方法(M)]:

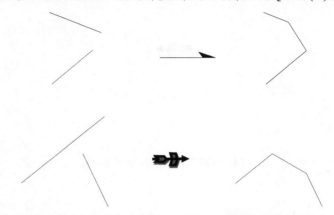

图 4.56　倒角距离不为"0"的无缝平齐连接效果

（3）对交叉的线段，倒角时注意点击选择边的方向，点击不同位置倒角效果不同。见图 4.57。

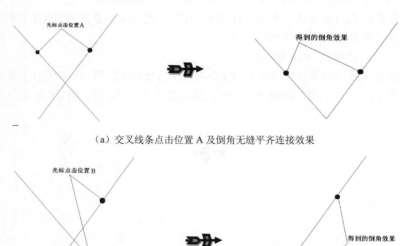

（a）交叉线条点击位置 A 及倒角无缝平齐连接效果

（b）交叉线条点击位置 B 及倒角无缝平齐连接效果

图 4.57　交叉线条点击位置不同，倒角无缝连接平齐效果不同

4.14 园林两条直线通过光滑圆弧连接技巧

技巧提示

在 CAD 绘图中，经常需要将 2 条直线通过圆弧光滑连接。利用 FILLET 功能命令可以快速实现。见图 4.58。

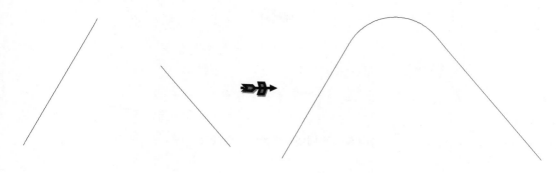

图 4.58　2 条直线通过光滑圆弧连接

操作方法

（1）对 2 条不平行的线条执行 FILLET 功能命令，并设置合适的倒角半径。注意平行线不能使用此功能。见图 4.59。

命令: FILLET

当前设置: 模式 ＝ 修剪，半径 ＝ 90.0000

选择第一个对象或 [放弃(U)/多段线(P)/半径(R)/修剪(T)/多个(M)]: R

指定圆角半径 <90.0000>: 600

选择第一个对象或 [放弃(U)/多段线(P)/半径(R)/修剪(T)/多个(M)]:

选择第二个对象，或按住 Shift 键选择对象以应用角点或 [半径(R)]:

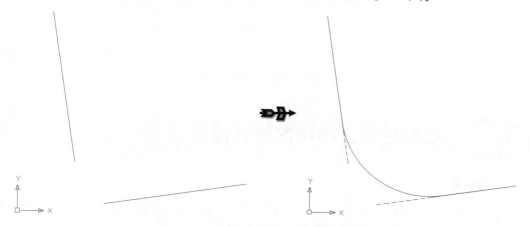

图 4.59　2 条直线通过光滑圆弧连接

（2）注意，倒角半径若为"0"，则二者是无缝平齐连接。见图 4.60。

（3）若倒角半径过大，则不能进行圆弧连接。半径设置需要根据 2 条直线 A、B 相互位置关系确定合适的值。见图 4.61。

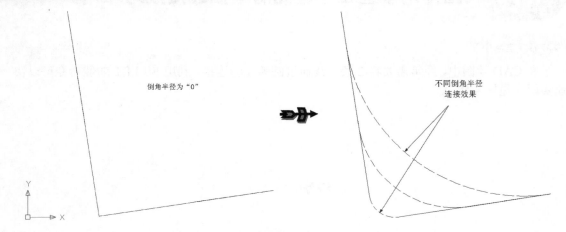

图 4.60 不同倒角半径弧线连接效果

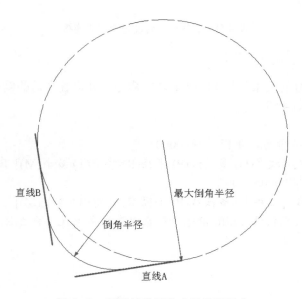

图 4.61 弧线连接倒角半径设置要求

4.15 园林任意大小角度等分技巧

⊙ 技巧提示

在 CAD 绘图中，可能需要将任意大小角度进行等分，例如将图中角度（54°）进行三等分。利用弧线等分技巧可以进行角度等分。见图 4.62。

⊙ 操作方法

（1）以角度的端点作为圆心，绘制任意大小圆形。圆形建议稍大一些。见图 4.63。

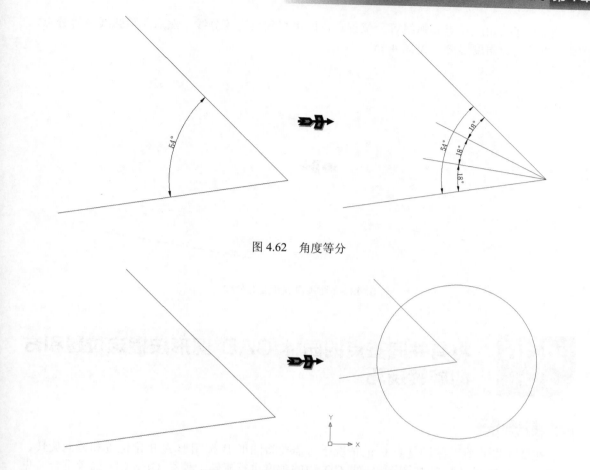

图 4.62　角度等分

图 4.63　以角度端点为圆心绘制圆形

（2）进行剪切，保留角度内弧线，然后利用前述弧线等分的方法，对角度内的弧线进行等分。注意先设置点的样式。见图 4.64。

命令: DIVIDE

选择要定数等分的对象:

输入线段数目或 [块(B)]: 3

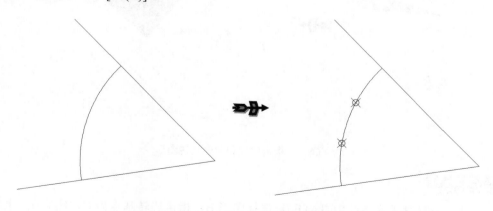

图 4.64　剪切并等分角度内弧线

97

（3）连接角度端点和弧线等分位置点，即可得到角度等分线，然后删除弧线及等分点，图形即可完成角度等分。见图 4.65。

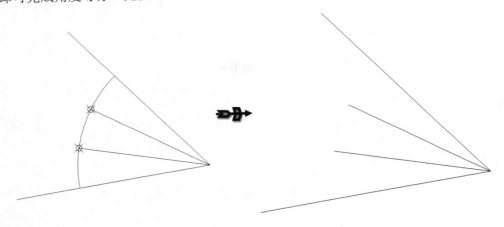

图 4.65　连接得到角度等分线

4.16　将有共同基点的园林 CAD 图形按指定位置和方向旋转技巧

➜ 技巧提示

在 2 个图形具有共同基点 C 的情况下，需要将图形 B 按图形 A 指定位置和方向旋转，例如将图形 B 的 CE 边按图形 A 的 CD 边的角度进行旋转，使得 CE、CD 二者重合。见图 4.66。

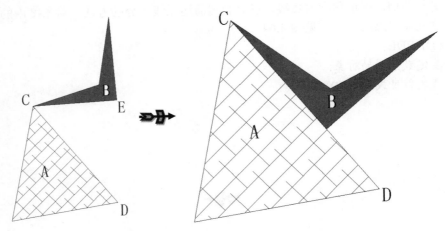

图 4.66　按指定位置和角度旋转图形

➜ 操作方法

（1）执行旋转功能命令（ROTATE），选择图形 B，指定旋转基点为 C，然后在"指定旋转角度"提示输入"R"，按参照角度旋转。在提示"指定参照角"时点取点 C 与 E 端点。见

图 4.67。

命令: ROTATE

UCS 当前的正角方向： ANGDIR=逆时针 ANGBASE=0

选择对象: 指定对角点: 找到 1 个

选择对象:

指定基点:

指定旋转角度，或 [复制(C)/参照(R)] <0>: R

指定参照角 <310>： 指定第二点：（点取点 C 与 E 端点）

指定新角度或 [点(P)] <0>：（点取点 D 端点）

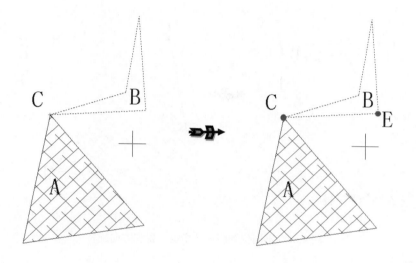

图 4.67 指定参照角位置

（2）在提示"指定新角度"时点取点 D，即可按指定位置和角度完成旋转。见图 4.68。

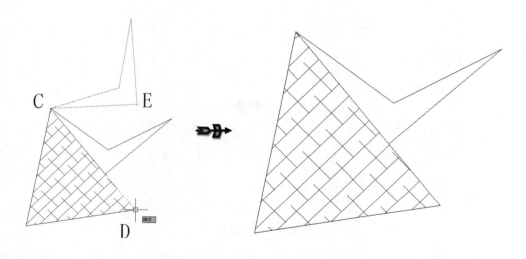

图 4.68 指定旋转新角度

99

4.17 将不同位置园林 CAD 图形按指定位置和方向旋转技巧

⊙ 技巧提示

2 个图形在不同位置的情况下，需要将图形按指定位置和方向旋转，例如将图形 B 的 EF 边按图形 A 的 CD 边的角度进行旋转，使得 EF、CD 二者平行。见图 4.69。

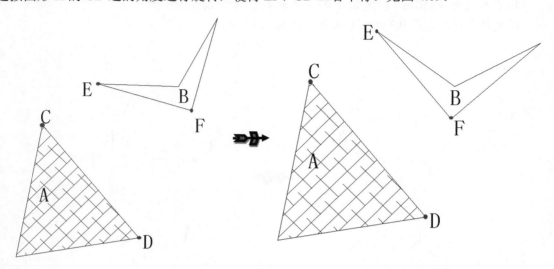

图 4.69　不同位置图形按指定位置和方向旋转

⊙ 操作方法

（1）按图形 A 的 CD 角度和长度绘制一条斜线 cd，然后将该斜线 cd 移动到 E 点，并使得 c 点位于 E 点。见图 4.70。

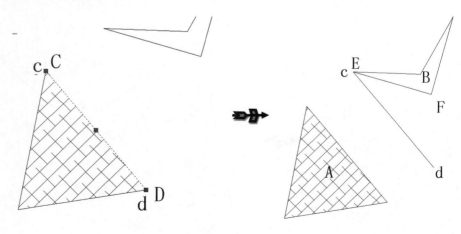

图 4.70　绘制直线 cd

（2）按前述介绍的技巧将图形 B 按斜线 cd 的角度和方向旋转，然后删除 cd 即可得到所要求的旋转角度方向。其他图形要求的旋转方法与此类似。见图 4.71。

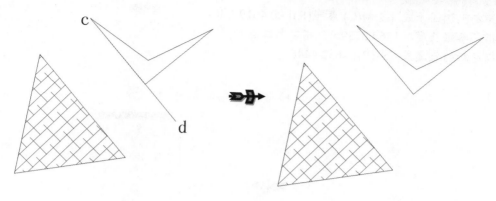

图 4.71　按 cd 旋转图形 B

4.18 将园林 CAD 图形按指定图形大小缩放技巧

➡ 技巧提示

将图形按指定图形大小缩放，例如将图形 A 按图形 B 的大小进行缩放，使得图形 A 的 b 点与图形 B 的边 de 高度一致。见图 4.72。

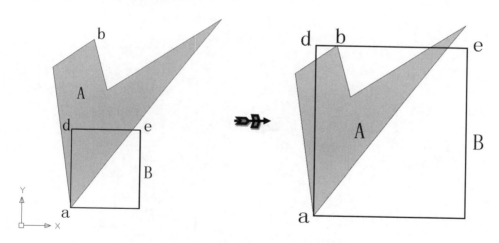

图 4.72　将图形按指定图形大小缩放

➡ 操作方法

（1）执行缩放功能命令（SCALE），选择图形 A，指定缩放基点为 a，然后在"指定比例因子"提示输入"r"，按参照角度缩放。在提示"指定参照长度"时点取 a 点与 b 点。见图 4.73。

命令: SCALE
选择对象: 找到 1 个
选择对象:
指定基点:

101

指定比例因子或 [复制(C)/参照(R)] <0.4619>: R
指定参照长度 <1369.2239>: 指定第二点:
指定新的长度或 [点(P)] <632.4446>:

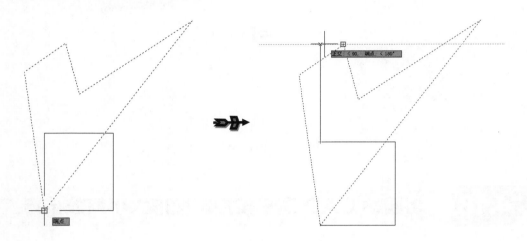

图 4.73 指定图形 A 参照长度

（2）在提示"指定新的长度"时点取 de 高度位置点，即可按指定大小完成缩放图形 A。见图 4.74。

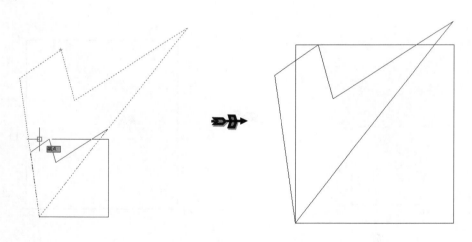

图 4.74 完成缩放图形 A

4.19 快速选择多个园林 CAD 图形进行移动、复制或删除等操作技巧

→ 技巧提示

在实际 CAD 绘图中，可能需要从复杂的图形中选择其中多个图形进行移动、复制或删除操作，若逐个选择图形进行移动、复制或删除操作会比较费时，可以利用图层锁定功能快

速实现多个图形移动、复制或删除。例如需要将图形中的所有家具移动、复制或删除，操作同时对其他图形不造成任何影响。见图 4.75。

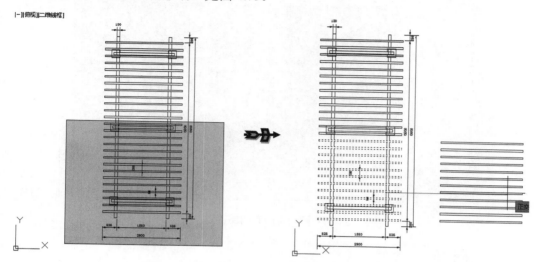

图 4.75   快速选择多个图形进行移动、复制或删除等操作

⊙ 操作方法

（1）执行图层功能命令（LAYER），在弹出的对话框中点击右侧框内，使用快捷键 Ctrl+A 选中全部图层。在绘制图形时，注意按图形类型和关联性设置相应的图层（LAYER）。见图 4.76。

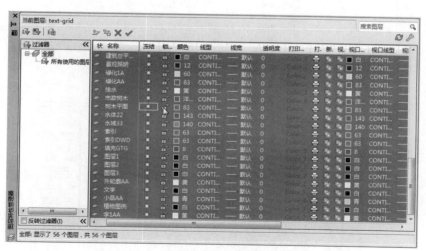

图 4.76   选中全部图层

（2）点击锁定栏下的任意一个图层锁型图标，即可将所有图层锁定。见图 4.77。

（3）再点击栏内任意无文字处，取消选中状态，然后点击需要移动、复制或删除的图形所在的图层锁型图标将其解锁。见图 4.78。

（4）关闭图层管理对话框，切换回绘图窗口中，执行相应的功能命令（移动、复制或删除），然后可以选中所有图形（窗口选择或穿越选择均可）。见图 4.79。

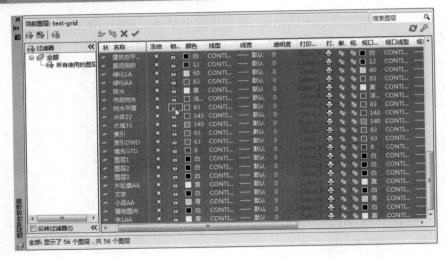

图 4.77 将所有图层锁定

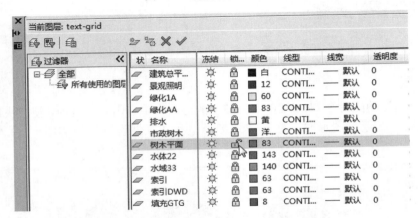

图 4.78 解锁图形所在的图层

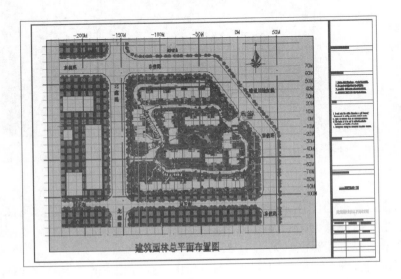

图 4.79 选中所有图形

104

（5）按回车指定基点即可进行相应操作（移动、复制或删除等），此时可以看到仅图层未锁定的图形发生操作（移动、复制或删除），其他保持不变。最后，将其他图层解锁即可进行其他操作了。见图 4.80。

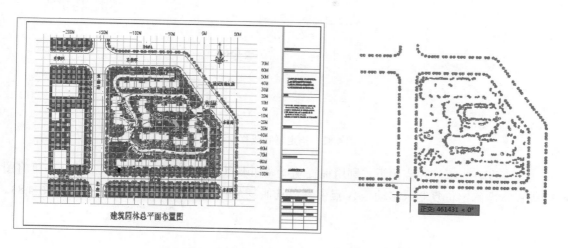

图 4.80　未锁定的图形发生操作（移动、复制或删除）

4.20　相同园林 CAD 图形文件中定位复制或移动图形技巧

⊙ 技巧提示

在实际绘图中，常常需要将相同图形文件中的 1 个或多个图形准确复制或移动到另外位置图形的指定位置。如图 4.81 所示，将左边图形复制或移动到右侧图形中，同时要使得 A 点的位置与 B 点完全重合。

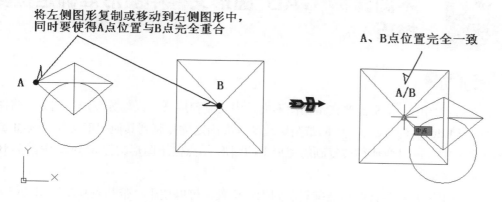

图 4.81　将图形准确复制、移动到指定位置

⊙ 操作方法

（1）使图 4.82 所示的圆形图形移动或复制到正方形图形中，且圆形图形的 B 点位置位于

A 点上。执行移动命令（MOVE）后，选择全部圆形图形，同时指定 B 点作为移动或复制的基点位置。

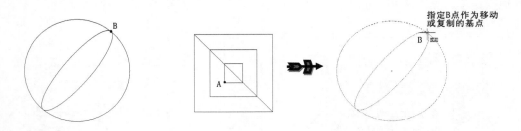

图 4.82　指定复制或移动基点

（2）移动光标至 A 点附近，利用捕捉功能（如端点捕捉）进行定位，点击确认即可将图形从 B 点准确定位复制或移动至 A 点位置。其他复杂的图形定位方法与此相同。见图 4.83。

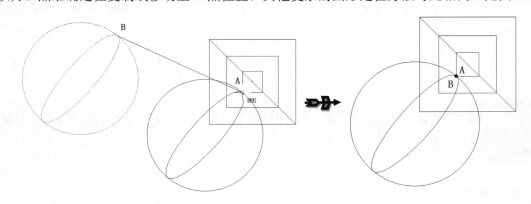

图 4.83　实现 A、B 点准确定位

4.21　不同园林 CAD 图形文件中图形准确定位复制技巧

🡢 技巧提示

在实际绘图中，常常需要在不同图形文件中复制使用某个或部分图形。例如，将图形文件（例如 a1.dwg 图形文件）中的带阴影线部分准确定位复制到其他图形文件（例如 a2.dwg 图形文件）中，同时要使得被复制的图形中的图形 A 点位于图形文件 a2.dwg 中图形 B 点位置上。见图 4.84。

要实现上述要求，将图形准确复制到指定位置，可以使用"带基点复制"的功能方法，即将选定的对象与指定的基点一起复制到剪贴板，然后将图形准确粘贴到指定位置。

🡢 操作方法

（1）在要复制的图形文件（例如 a1.dwg）窗口中点击打开"编辑"下拉菜单，选择"带

图 4.84　不同图形文件之间图形准确定位复制

基点复制"选项，然后先指定基点位置，再选择要复制的图形对象。也可以使用快捷菜单方法，在绘图区域中任意位置单击鼠标右键，然后从剪贴板中选择"带基点复制"。见图 4.85。

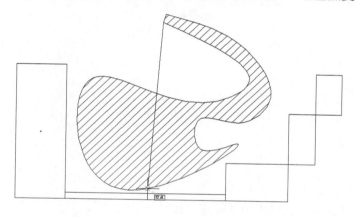

图 4.85　指定基点位置（a1.dwg 图形文件窗口中）

　　（2）切换到另外一个图形文件（例如 a2.dwg）窗口中，点击"编辑"下拉菜单选择"粘贴"选项，然后，通过使用捕捉功能，移动光标将图形文件复制到指定位置点，点击确定位置点即可完成粘贴。其他在 2 个图形文件之间指定位置进行复制的方法与此相同。见图 4.86。

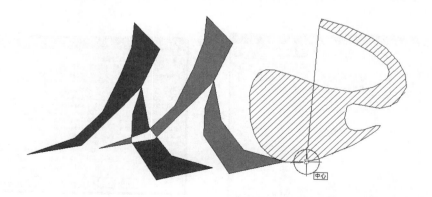

图 4.86　将图形文件复制到指定位置点（a2.dwg 图形文件窗口中）

4.22 园林 CAD 图形线型快速设置技巧

技巧提示

在绘制图形时，默认的线型是细实线。但实际中常常需要使用各种线型，如点划线、虚线等。通过设置或加载线型可以得到所需要的线型。CAD 图形线型是由直线、虚线、点和空格等形式组成的重复图案，显示为直线或曲线。可以通过图层将线型指定给对象，也可以不依赖图层而明确指定线型。在绘图开始时加载绘图所需的线型，以便在需要时使用。见图 4.87。

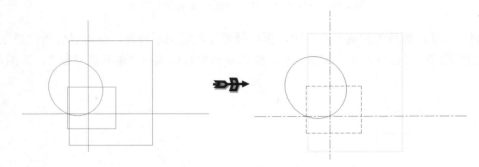

图 4.87　CAD 线型使用

操作方法

（1）加载线型

加载线型的步骤如下。

① 依次单击"常用"选项卡→"特性"面板→"线型"。

② 在"线型"下拉列表中，单击"其他"，然后在"线型管理器"对话框中单击"加载"。

③ 在"加载或重载线型"对话框中选择一种线型，单击"确定"。如果未列出所需线型，单击"文件"，在"选择线型文件"对话框中选择要列出其线型的 LIN 文件，然后单击该文件，此对话框将显示存储在选定的 LIN 文件中的线型定义，选择一种线型，单击"确定"。

④ 可以按住 Ctrl 键来选择多个线型，或者按住 Shift 键来选择一个范围内的线型。如图 4.88 所示。

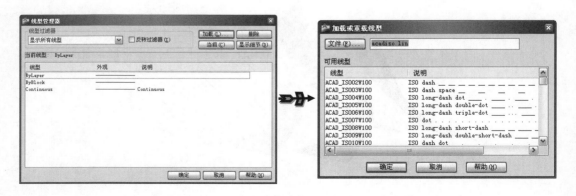

图 4.88　加载线型

（2）设定和更改当前线型

所有对象都是使用当前线型（显示在"特性"工具栏上的"线型"控件中）创建的。也可以使用"线型"控件设定当前的线型。 如果将当前线型设定为"ByLayer"，则将使用指定给当前图层的线型来创建对象。 如果将当前线型设定为"ByBlock"，则将对象编组到块中之前，将使用"Continuous"线型来创建对象。将块插入到图形中时，此类对象将采用当前线型设置。 如果不希望当前线型成为指定给当前图层的线型，则可以明确指定其他线型。AutoCAD 软件中某些对象（文字、点、视口）不显示线型。见图 4.89。

CAD2018

图 4.89   文字等不显示线型

1）为全部新图形对象设定线型的步骤

① 依次单击"常用"选项卡→"特性"面板→"线型"。

② 在"线型"下拉列表中单击"其他"，然后在"线型管理器"对话框中单击"加载"。可以按住 Ctrl 键来选择多个线型，或者按住 Shift 键来选择一个范围内的线型。

③ 在"线型管理器"对话框中，执行以下操作之一。

a. 选择一个线型并选择"当前"，以该线型绘制所有的新对象。

b. 选择"ByLayer"以便用指定给当前图层的线型来绘制新对象。

c. 选择"ByBlock"以便用当前线型来绘制新对象，直到将这些对象编组为块。将块插入到图形中时，块中的对象将采用当前线型设置。

④ 单击"确定"完成设置。

2）更改指定给图层的线型的步骤

① 依次单击"常用"选项卡→"图层"面板→"图层特性"。

② 在图层特性管理器中，选择要更改的线型名称。

③ 在"选择线型"对话框中，选择所需的线型，单击"确定"。

④ 再次单击"确定"完成设置。

3）更改图形对象的线型方法

选择要更改其线型的对象。依次单击"常用"选项卡→"选项板"面板→"特性"。在特性选项板上单击"线型"控件， 选择要指定给对象的线型。可以通过以下三种方案更改对象的线型。

① 将对象重新指定给具有不同线型的其他图层。如果将对象的线型设定为"ByLayer"，并将该对象重新指定给其他图层，则该对象将采用新图层的线型。

② 更改指定给该对象所在图层的线型。如果将对象的线型设定为"ByLayer"，则该对象将采用其所在图层的线型。如果更改了指定给图层的线型，则该图层上指定了"ByLayer"线型的所有对象都将自动更新。

③ 为对象指定一种线型以替代图层的线型。可以明确指定每个对象的线型。如果要用其他线型来替代对象由图层决定的线型，应将现有对象的线型从"ByLayer"更改为特定的线

型（例如 DASHED）。

4.23 园林 CAD 图形线型不显示调整修改技巧

→ **技巧提示**

在实际绘图操作中，设置了某些图形为指定的线型，但在屏幕上显示效果仍然是原来的线型，好像没有发生改变，即线型显示不出来。此时，可以通过修改设置线型比例（LTSCALE）的大小，即可使得线型显示为新的线型。见图 4.90。

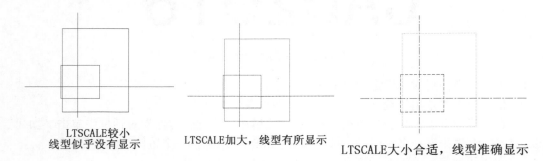

LTSCALE较小
线型似乎没有显示

LTSCALE加大，线型有所显示

LTSCALE大小合适，线型准确显示

图 4.90　不同线型显示效果设置调整

→ **操作方法**

（1）图形对象的线型设定后，若显示无线型效果（轴线应为点划线），见图 4.91，此时需设置控制线型比例 LTSCALE 的数值大小，将其设置为合适的数值。LTSCALE 数值的准确大小可能要多试几次才能得到合适的效果。

命令: LTSCALE
输入新线型比例因子 <1.0000>: 100
正在重生成模型。

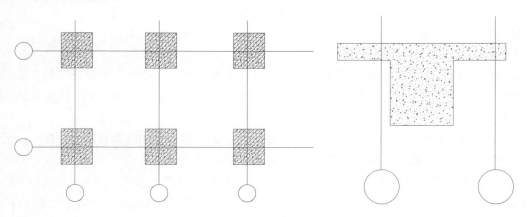

图 4.91　图形不显示线型效果

通过全局更改或分别更改每个对象的线型比例因子，可以以不同的比例使用同一种线型。默认情况下，全局线型和独立线型的比例均设定为 1.0。比例越小，每个绘图单位中生成的重复图案数越多。例如，设定为 0.5 时，每个图形单位在线型定义中显示两个重复图案。不能显示一个完整线型图案的短直线段显示为连续线段。对于太短，甚至不能显示一条虚线的直线，可以使用更小的线型比例。见图 4.92。

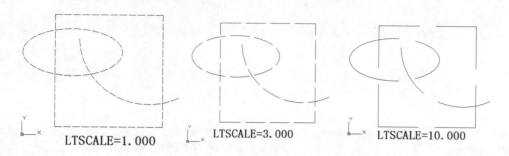

LTSCALE=1.000   LTSCALE=3.000   LTSCALE=10.000

图 4.92　不同全局比例因子显示效果

此外，"全局比例因子"的值控制 LTSCALE 系统变量，该系统变量可以全局更改新建对象和现有对象的线型比例。"当前对象缩放比例"的值控制 CELTSCALE 系统变量，该系统变量可以设定新建对象的线型比例。用 LTSCALE 的值与 CELTSCALE 的值相乘可以获得显示的线型比例，可以轻松地分别更改或全局更改图形中的线型比例。在布局中，可以通过 PSLTSCALE 调节各个视口中的线型比例。

（2）刷新视图即可。执行"视图"下拉菜单，选择"重画"或"全部重生成"，线型修改即可显示（轴线为点划线），见图 4.93。

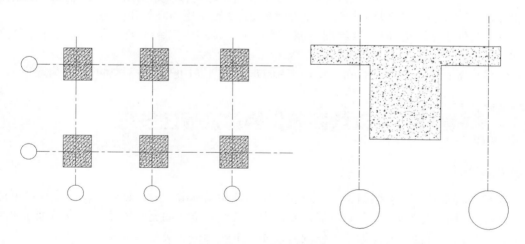

图 4.93　图形显示线型效果

111

第5章

园林 CAD 图形尺寸文字标注技巧快速提高

园林 CAD 图形绘制完成后，一般都需要进行文字尺寸标注。园林 CAD 图形文字尺寸的标注也有一些操作技巧和方法，这些技巧和方法也是实际操作中总结出来的。熟练掌握这些技巧和方法，可以加快文字尺寸标注，使得园林 CAD 绘图更为高效和美观。

此外，为便于学习提高 CAD 绘图技能，本章（本书）中绘制 CAD 钢筋符号专用字体文件，读者连接互联网后可以到以下地址下载：

- 百度网盘：https://pan.baidu.com/s/1dF9JsDb，其中"1dF9JsDb"中的"1"为数字。

5.1 园林 CAD 绘图单位换算及标注技巧

→ 技巧内容

在园林工程设计 CAD 绘图中，一般与房屋园林制图标准一致，使用的是国家标准单位（尺寸为毫米，标高为米）。但有时可能需要转换为其他单位（如英制的英寸）或同时标注两种单位。例如，要将创建的图形的单位同时标注毫米（mm）、英寸（in），见图 5.1。

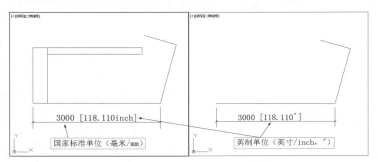

图 5.1　图形单位换算标注

技巧操作

（1）绘制好图形后准备标注。点击"格式"下拉菜单，选择"标注样式"选项，在弹出的"标注样式管理器"对话框中选择一个样式后点击"修改"，弹出"修改标注样式…"对话框。见图 5.2。

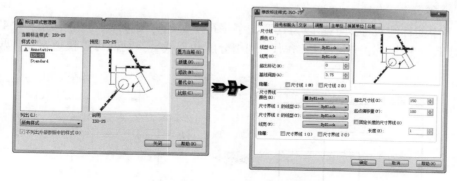

图 5.2　标注样式管理器对话框

（2）在"修改标注样式…"对话框中选择"换算单位"选项卡，点击勾取"显示换算单位"，然后在下面设置单位格式、精度、换算单位倍数、前后缀等。其中，换算单位倍数是两种单位的换算关系，前后缀是标注时加在标注尺寸数字前面或后面的文字内容。点击"确定"返回"标注样式管理器"对话框中，点击"置为当前"后关闭即可。见图 5.3。

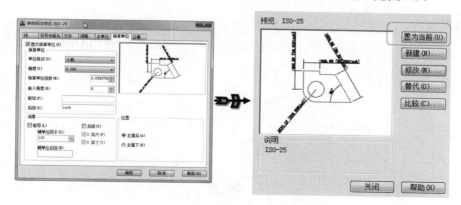

图 5.3　设置换算单位等

（3）进行标注即可得到所设置的换算单位效果。注意，角度的标注单位是不会换算修改的。见图 5.4。

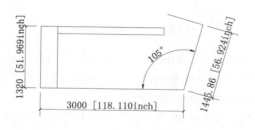

图 5.4　标注两种单位尺寸效果

5.2 将园林图形中的标注尺寸大小修改为任意文字字符技巧

➡ 技巧内容

　　将图形中的标注尺寸大小修改为任意文字字符，例如将图形中的尺寸"36"、"47.9"分别以"高度尺寸 H"、"水平长度 L"替代。利用分解和查找替换功能可以快速实现。见图 5.5。

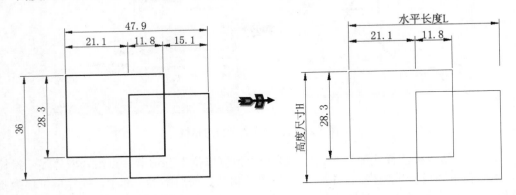

图 5.5　将标注尺寸修改为任意文字

➡ 技巧操作

　　（1）标注尺寸后，对需要替换的尺寸先执行分解功能命令（EXPLORE）将其分解。见图 5.6。

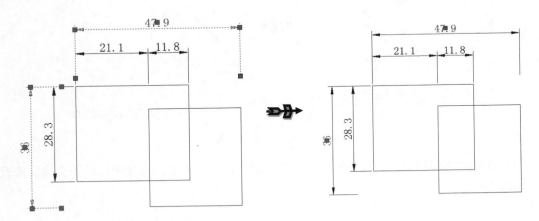

图 5.6　分解要替换的尺寸

　　（2）执行查找和替换功能命令（FIND），在弹出的"查找和替换"对话框中，分别输入查找内容为"47.9"，替换内容为"水平长度 L"。同理，将"36"替换成"高度尺寸 H"。注意，此时"替换"按钮是不能使用的。见图 5.7。

　　（3）点击"查找"按键，然后点击"替换"按键。注意，此时"替换"按钮才是可以使用的。这样便完成了尺寸与文字替换。见图 5.8。

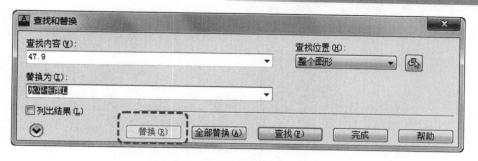

图 5.7　"查找和替换"对话框

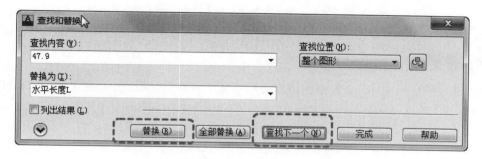

图 5.8　点击"查找"按键

（4）注意，在"查找和替换"对话框中可以指定替换的范围。点击"查找位置"，选择相应的查找替换范围即可。见图 5.9。

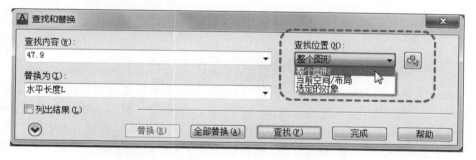

图 5.9　指定替换的范围

5.3 园林 CAD 图形标注尺寸时文字及箭头特小调整放大技巧

➡ 技巧内容

图纸绘制中，常常需要进行尺寸标注，但标注出来的尺寸文字和箭头线都较小，看不清楚，甚至根本看不见，以为没有尺寸大小。这种情况是因为当前使用的标注样式没有设置或设置不合适。可以通过调整标注样式或利用特性匹配功能快速调整得到合适的标注尺寸和箭头大小。见图 5.10。

115

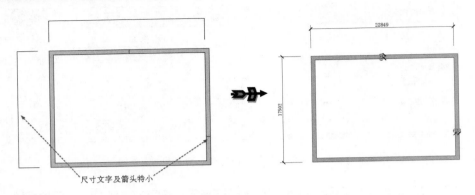

图 5.10　标注尺寸文字及箭头大小调整

➡ 技巧操作

（1）进行图形尺寸标注，若标注出来的尺寸文字和箭头线都较小，则需要调整标注效果。见图 5.11。

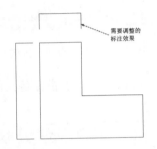

图 5.11　需要调整的图形标注效果

（2）修改当前使用的标注样式。打开"格式"下拉菜单，选择"标注样式"，弹出"标注样式管理器"对话框，在列出栏下选择"正在使用的样式"，然后点击右侧的"修改"，在弹出的"修改标注样式…"中设置合适的相关参数，一般是加大其数值，包括线、符号和箭头、文字、主单位等。最后点击"确定"按钮返回"标注样式管理器"，点击"置为当前"按钮关闭即可。见图 5.12。

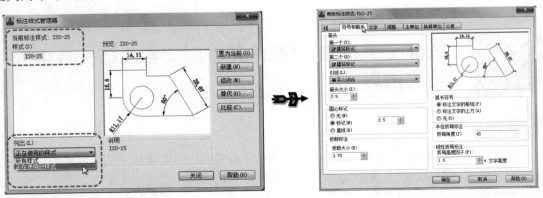

图 5.12　修改标注样式

116

（3）返回绘图窗口，当前图形标注尺寸将发生变化。若效果不合适，按上述方法再次修改相关参数，直至效果合适为止。见图 5.13。

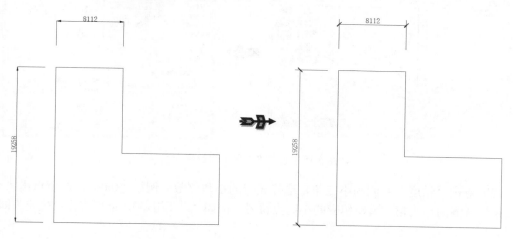

图 5.13　调整后标注效果

5.4　园林 CAD 图形尺寸标注小数位数精度设置技巧

⊙ 技巧内容

在进行图形尺寸标注时，一般情况下是取整数，不需要小数点，例如 3600。但有时需要取小数点后 1~3 位数，例如 3600.68。根据需要，尺寸不同小数点位数可以通过精度调整实现标注。见图 5.14。

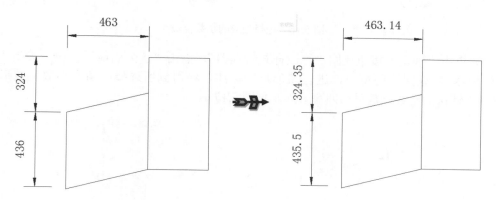

图 5.14　不同尺寸标注小数位数标注

⊙ 技巧操作

（1）图形绘制后进行尺寸标注时，根据小数位数需要先设置标注样式。打开"格式"下拉菜单，选择"标注样式"，弹出"标注样式管理器"对话框，在列出栏下选择"正在使用的样式"，然后点击右侧的"修改"，在弹出的"修改标注样式…"中选中"主单位"选项卡。见图 5.15。

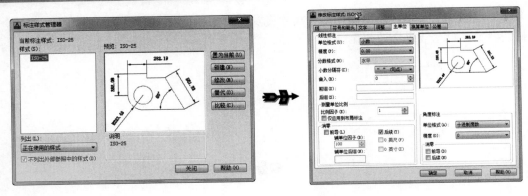

图 5.15 选中"主单位"选项卡

（2）点击"精度"右侧的小三角，选择相应的小数位数，例如"0.00"，然后点击"小数分隔符"右侧的小三角，选择相应的小数点符号，例如"."（句点）。最后点击"确定"即可。见图 5.16。

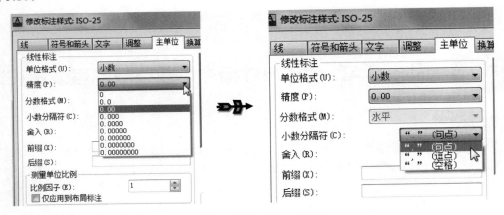

图 5.16 选择相应的小数位数

（3）点击"确定"按钮返回"标注样式管理器"，点击"置为当前"按钮，关闭"标注样式管理器"。返回绘图窗口，进行图形尺寸标注，将得到所选择的精度小数位数形式。AutoCAD 默认的小数位数采用四舍五入。见图 5.17。

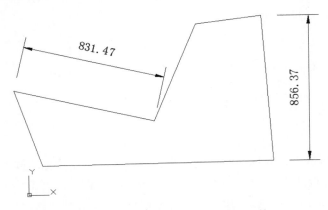

图 5.17 图形标注尺寸得到设置的位数

118

5.5 园林 CAD 图形文字镜像后反转或倒置解决技巧

技巧内容

在进行 CAD 图形文字镜像时，得到的文字是反转或倒置的，即文字反向的文字。AutoCAD 控制文字镜像后效果的系统变量为 MIRRTEXT。通过修改系统变量 MIRRTEXT 设置数值可不反转或倒置。见图 5.18。

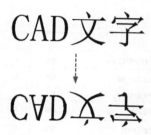

图 5.18　文字镜像后反转或倒置

技巧操作

（1）AutoCAD 默认情况下，镜像文字、图案填充、属性定义时，它们在镜像图像中不会反转或倒置。文字的对齐和对正方式在镜像对象前后相同。在操作中，CAD 图形文字进行镜像后如果是反转或倒置文字，说明 MIRRTEXT 系统变量设置为"1"，需修改为"0"。见图 5.19。

命令: MIRRTEXT
输入 MIRRTEXT 的新值 <1>: 0

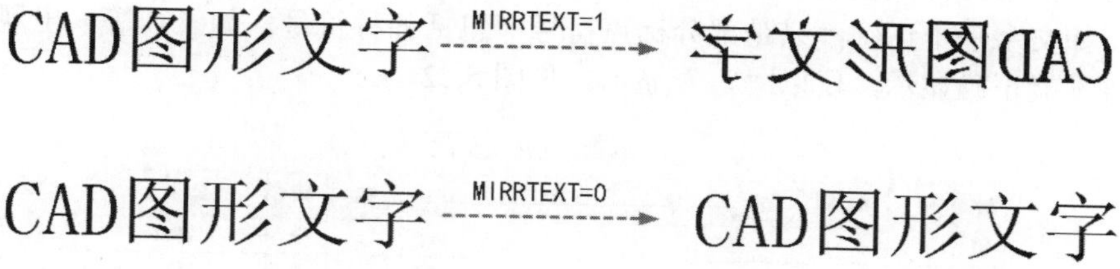

图 5.19　MIRRTEXT 与文字镜像效果

（2）设置 MIRRTEXT=0 后，再进行文字镜像操作，可以保证文字镜像与原文字一致。如果确实要反转文字，应将 MIRRTEXT 系统变量设置为"1"。见图 5.20。

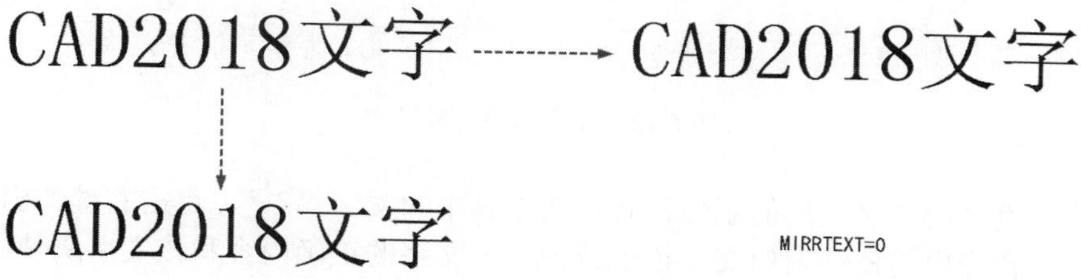

图 5.20　文字镜像正常效果

119

5.6 园林 CAD 图形文字乱码处理调整技巧

➜ **技巧内容**

在使用 CAD 绘图中，常常遇到打开图形文件时，图形中的文字部分或全部内容没有正确显示，而是以"？"形式显示，这主要是因为 CAD 图形的文字字体发生变化引起的，即当前所使用的 AutoCAD 版本软件缺少图形原使用字体文件。见图 5.21。图形文字乱码情况有几种不同类型，分别采用相应的处理方法，详见后面操作方法论述。

图纸目录

?????????			
PH-01	??????????	??	A2
PH-02	????????	??	A2
PH-03	????????	??	A2
PH-04	??????	??	A2
PH-05	????????	??	A1
PH-06	????????	??	A1
PH-07	????????	??	A1
PH-08	?????????	??	A1
PH-09	??????????	??	A1

图纸目录

绿化施工图图纸目录			
PH-01	植物配置设计说明及目录	绿施	A2
PH-02	植物配置乔木汇总表	绿施	A2
PH-03	植物配置灌木汇总表	绿施	A2
PH-04	植物种植详图	绿施	A2
PH-05	乔木布置总平面图	绿施	A1
PH-06	乔木布置网格放线图	绿施	A1
PH-07	灌木布置总平面图	绿施	A1
PH-08	灌木布置网格放线图	绿施	A1
PH-09	植物地形布置总平面图	绿施	A1

图 5.21 CAD 文字乱码处理

➜ **技巧操作**

（1）打开图形文件，发现图形存在文字乱码，以"？"显示。这包括有的图形文字部分出现乱码；如文字基本正确，只是部分标点符号（包括各种符号，如《》等）出现乱码，这些标点符号不能正确显示，仅以"？"显示。见图 5.22。

乔木配置汇总表

编号	图例	植物名	规格				数量	单位	备注
			胸径(cm)	冠幅(m)	株高(m)	分枝点(m)			
T1		???	28-30	>4	>8	>2.5	3	株	全树冠
T2		？？	15-16	>2	>5.5	>2.5	17	株	全树冠
T3		???	34-35	>5	>6	>1.8	2	株	全树冠
T4		？？	17-18	>3.5	>6	>2	28	株	全树冠
T5		？？	11-12	>3	>3	>1.2	10	株	全树冠
T6		???	9-10	>2	>3	>1.4	29	株	全树冠
T7		？？	7-8	>2	>3	>1.4	48	株	全树冠
T8		？？	14-15	>2.5	>3	>1.8	24	株	全树冠
T9		???	基径7-8	>2	>2	>1.2	48	株	全树冠
T10		?????	13-14	>3	>4	>1.8	15	株	全树冠

图 5.22 文字标点符号乱码

（2）先查询乱码文字使用的字体样式。选中其中的文字"？"，点击右键弹出快捷菜单，选择"特性"，在弹出的特性窗口文字栏中查询到该文字的正确内容和该文字所使用的字体样式，例如"_ROMANS"。见图 5.23。

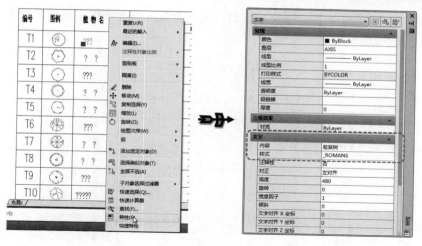

图 5.23　查询乱码文字使用的字体样式

（3）打开"格式"下拉菜单，选择"文字样式"选项，在弹出的"文字样式"对话框中"样式"下选中上述查询到的字体样式，例如"_ROMANS"。见图 5.24。

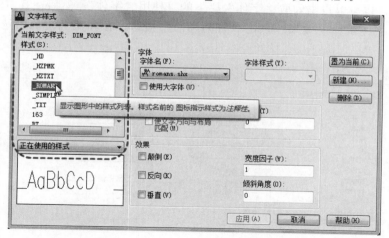

图 5.24　选择查询到的字体样式

（4）在中间"字体"栏下重新选择新的字体，例如"仿宋"，然后点击"置为当前"按钮，在弹出的提问中选择"是"。见图 5.25。

图 5.25　重新选择新的字体

（5）点击"完成"切换到绘图文字窗口，过一会儿乱码文字将正确显示，不再以"？"形式显示。见图5.26。

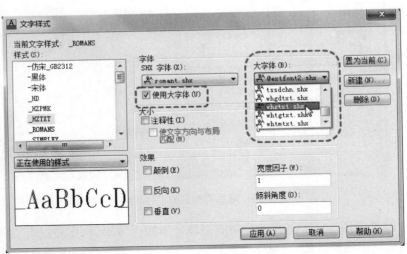

乔木配置汇总表

编号	图例	植物名	规格				数量	单位	备 注
			胸径(cm)	冠幅(m)	高度(m)	分枝点(m)			
T1		皂荚树	28—30	>4	>8	>2.5	3	株	全树冠
T2		银杏	15—16	>2	>5.5	>2.5	17	株	全树冠
T3		黄葛树	34—35	>5	>6	>1.8	2	株	全树冠
T4		香樟	17—18	>3.5	>6	>2	28	株	全树冠
T5		桂花	11—12	>3	>3	>1.2	10	株	全树冠
T6		广玉兰	9—10	>2	>3	>1.4	29	株	全树冠
T7		杜英	7—8	>2	>3	>1.4	48	株	全树冠
T8		垂树	14—15	>2.5	>3	>1.8	24	株	全树冠
T9		天竺桂	基径7—8	>2	>2	>1.2	48	株	全树冠
T10		复羽叶栾树	13—14	>3	>4	>1.8	15	株	全树冠

图5.26 乱码文字正确显示

（6）此外，也可以点击勾取"字体"栏下的"使用大字体"，然后在其右侧"大字体"栏下选择一种字体试一下效果。点击"置为当前"按钮，在弹出的提问中选择"是"。见图5.27。

图5.27 使用大字体

5.7 园林 CAD 图形中多个文字或字符快速替换技巧

➔ 技巧内容

在实际工程画图中，可能需要将图形中多个相同文字或字符以新的文字或字符同时替换，利用查找功能命令（FIND）可以快速实现。例如，将图表中名称 "T"全部替换为"树木"。见图5.28。

乔木配置汇总表

编号	图例	植物名	胸径(cm)	冠幅(m)	高度(m)	分枝点(m)
T1		皂荚树	28~30	>4	>8	>2.5
T2		银杏	15~16	>2	>5.5	>2.5
T3		黄葛树	34~35	>5	>6	>1.8
T4		香樟	17~18	>3.5	>6	>2
T5		桂花	11~12	>3	>3	>1.2
T6		广玉兰	9~10	>2	>3	>1.4
T7		杜英	7~8	>2	>3	>1.4
T8		垂柳	14~15	>2.5	>3	>1.8
T9		天竺桂	基径7~8	>2	>2	>1.2
T10		复羽叶栾树	13~14	>3	>4	>1.8
T11		合欢	14~15	>3.5	>4	>1.8

乔木配置汇总表

编号	图例	植物名	胸径(cm)	冠幅(m)	高度(m)	分枝点(m)
S1		皂荚树	28~30	>4	>8	>2.5
S2		银杏	15~16	>2	>5.5	>2.5
S3		黄葛树	34~35	>5	>6	>1.8
S4		香樟	17~18	>3.5	>6	>2
S5		桂花	11~12	>3	>3	>1.2
S6		广玉兰	9~10	>2	>3	>1.4
S7		杜英	7~8	>2	>3	>1.4
S8		垂柳	14~15	>2.5	>3	>1.8
S9		天竺桂	基径7~8	>2	>2	>1.2
S10		复羽叶栾树	13~14	>3	>4	>1.8
S11		合欢	14~15	>3.5	>4	>1.8

图 5.28　多个文字或字符快速替换

➜ 技巧操作

（1）执行查找和替换功能命令（FIND），在弹出的"查找和替换"对话框中分别输入查找内容（"T"）和替换内容（"树木"）。注意查找位置是"整个图形"。见图 5.29。

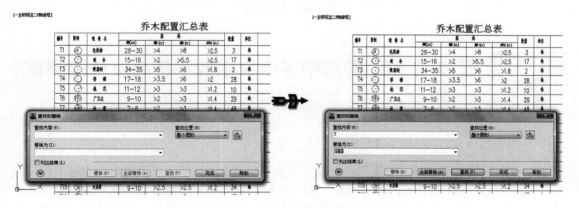

图 5.29　输入查找替换内容

（2）先点击"查找"，然后点击"全部替换"即可完成整个相同文字字符替换。其他多个文字或字符替换方法与此类似。见图 5.30。

图 5.30　完成整个相同文字字符替换

（3）点击"确定"及"完成"按钮，图表中的"T"已经全部替换为"树木"。见图 5.31。

[-][俯视][二维线框]

乔木配置汇总表

编号	图例	植物名	规格				数量	单位
			胸径(cm)	冠幅(m)	高度(m)	分枝点(m)		
树木1		皂荚树	28—30	>4	>8	>2.5	3	株
树木2		银杏	15—16	>2	>5.5	>2.5	17	株
树木3		黄葛树	34—35	>5	>6	>1.8	2	株
树木4		香樟	17—18	>3.5	>6	>2	28	株
树木5		桂花	11—12	>3	>3	>1.2	10	株
树木6		广玉兰	9—10	>2	>3	>1.4	29	株
树木7		杜英	7—8	>2	>3	>1.4	48	株
树木8		垂柳	14—15	>2.5	>3	>1.8	24	株
树木9		天竺桂	基径7—8	>2	>2	>1.2	48	株
树木10		复羽叶栾树	13—14	>3	>4	>1.8	15	株

图5.31　完成替换

5.8 园林 CAD 图形中多个文字或字符高度快速调整一致技巧

技巧内容

在实际图形绘制中，可能需要将图形中多个不同高度的文字或字符调整为相同的高度，利用 AutoCAD 提供的特性匹配（即格式刷，MATCHPROP）功能可以快速实现。除了文字高度外，利用该特性匹配功能还可以修改调整包括颜色、图层、线型、线型比例、线宽、打印样式和其他指定的特性在内的图形性质，操作方法类似，在此从略。见图5.32。

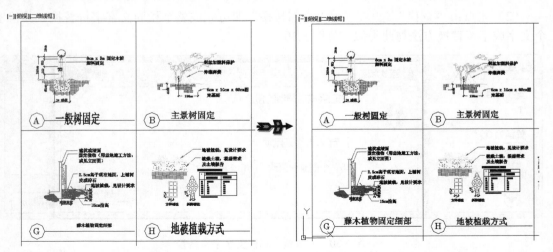

图5.32　多个不同高度的文字或字符调整为相同的高度

➡ 技巧操作

（1）执行图层功能命令（LAYER），在弹出的对话框中点击右侧框内，使用快捷键 Ctrl+A 选中全部图层。在绘制图形时，注意按图形类型和关联性设置相应的图层（LAYER）进行绘制，例如将所有图名说明文字设置放在"文字"图层中。见图 5.33。

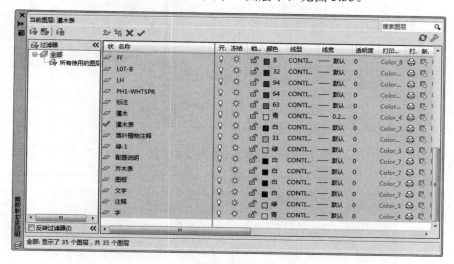

图 5.33　选中所有图层

（2）点击锁形图标将所有图层锁定，再点击栏内任意无文字处，取消选中状态，然后点击要调整高度的文字所在图层"文字"的锁形图标将其解锁。见图 5.34。

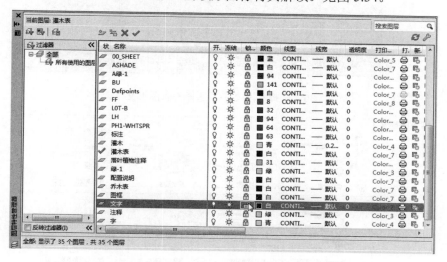

图 5.34　锁定除"文字"外的图层

（3）切换回画图窗口中，选中其中一个文字，利用特性功能设置修改为合适的高度，作为调整高度的基准文字或字符。见图 5.35。

（4）执行特性匹配功能命令（MATCHPROP），选择前一步调整后的文字作为基准文字，然后使用窗口选择所有图形及文字内容，点击确定位置范围。见图 5.36。

（5）点击"确定"后，文字图层的文字均调整为基准高度一样的高度，然后调整各个文字位置即可。见图 5.37。

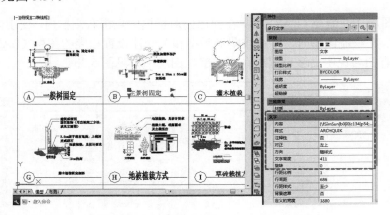

图 5.35　调整 1 个标准文字高度

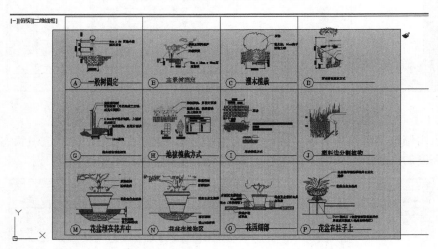

图 5.36　选择基准文字后选择所有图形文字

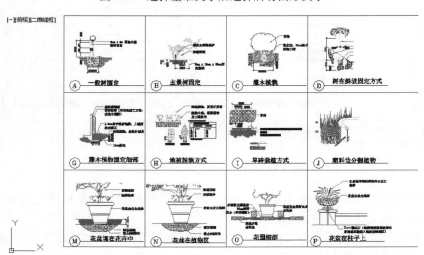

图 5.37　文字字符高度调整完成

5.9 园林图形面积和周长快速计算技巧

→ 技巧内容

在实际工作中，常常需要计算一些图形或范围的面积和周长。除了人工计算外，可以利用 AutoCAD 软件对 DWG 图形文件中有关图形的面积及周长进行快速计算。见图 5.38。计算面积的方法有多种，在此介绍常见的几种有效面积计算方法。

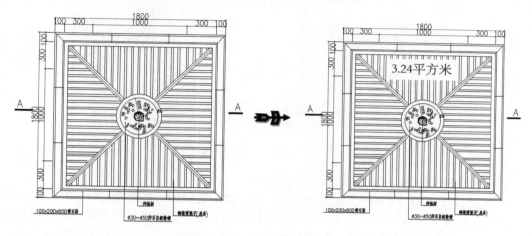

图 5.38　AutoCAD 计算图形面积

→ 技巧操作

（1）使用 AREA 功能命令计算面积

计算对象或所定义区域的面积和周长，可以使用 AREA 功能命令。操作步骤是点击"工具"下拉菜单→"查询"→"面积"。

命令: AREA

指定第一个角点或 [对象(O)/增加面积(A)/减少面积(S)] <对象(O)>:

选择对象:

区域 = 15860.5147，周长 = 570.0757

其中各个选项功能和作用如下。

①"对象(O)"选项：可以计算选定对象的面积和周长；可以计算圆、椭圆、样条曲线、多段线、多边形、面域和三维实体的面积；如果选择开放的多段线，将假设从最后一点到第一点绘制了一条直线，然后计算所围区域中的面积；计算周长时，将忽略该直线的长度；计算面积和周长时将使用宽多段线的中心线。

②"增加面积(A)"选项：打开"加"模式后，继续定义新区域时应保持总面积平衡。可以使用"增加面积"选项计算各个定义区域和对象的面积、周长，以及所有定义区域和对象的总面积。也可以进行选择以指定点，将显示第一个指定的点与光标之间的橡皮线，要加上的面积以绿色亮显，如图 5.39（a）所示，按回车键，AREA 将计算面积和周长，并返回打开"加"模式后通过选择点或对象定义的所有区域的总面积。如果不闭合多边形，将假设从最后一点到第一点绘制了一条直线，然后计算所围区域中的面积。计算周长时，该直线的长度也会计算在内。

③ "减少面积（S）" 选项：与 "增加面积" 选项类似，但减少面积和周长。可以使用 "减少面积" 选项从总面积中减去指定面积。也可以通过点指定要减去的区域，将显示第一个指定的点与光标之间的橡皮线，指定要减去的面积以绿色亮显，见图 5.39（b）。

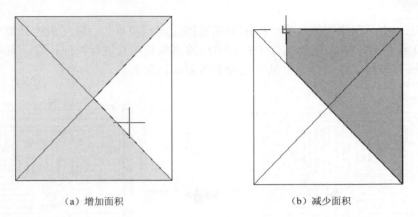

（a）增加面积　　　　　　　　　　（b）减少面积

图 5.39　面积计算方法示意

（2）使用 PLINE 和 LIST 功能命令计算面积

① 可使用 PLINE 功能命令创建闭合多段线，然后选择闭合图形使用 LIST 功能命令或 "特性" 选项板来查找面积，按下 F2 键可以看到面积等提示。具体操作是沿着图形的边界，使用 PLINE 功能命令重新勾画一封闭轮廓线，在结束时输入 "c" 闭合所绘制的图形。见图 5.40。

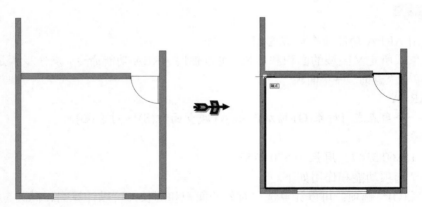

图 5.40　沿着图形的边界勾画封闭轮廓线

② 然后，执行 LIST 功能命令选择该图形并按回车，最后即可按下 F2 键在弹出的文本窗口中查看该图形的面积、周长等数据。注意一点，文本窗口中所列的面积数据大小单位是毫米（mm），因此要换算成平方米的话，该数值除以 10^6 即可。见图 5.41。

（3）使用 BOUNDARY 和 LIST 功能命令计算面积

使用 BOUNDARY 功能命令从封闭区域创建生成该封闭区域的面域或多段线，然后使用 LIST 功能命令选择该面域或多段线，按下 F2 键在弹出的文本窗口中可以看到面积、周长等数据。

① 具体操作时，执行 BOUNDARY 功能命令后，在弹出 "边界创建" 对话框中点击 "拾

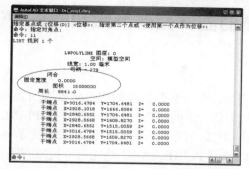

图 5.41　使用 LIST 功能命令查询图形面积和周长数据

取点"，点击要计算面积的封闭区域即可创建生成该封闭区域的面域或多段线。见图 5.42。

命令:BOUNDARY

拾取内部点：　正在选择所有对象...

正在选择所有可见对象...

正在分析所选数据...

正在分析内部孤岛...

拾取内部点：

BOUNDARY 已创建 1 个多段线

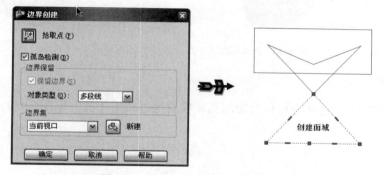

图 5.42　使用 BOUNDARY 计算面积

②　然后，使用 LIST 功能命令选择该面域或多段线，按下 F2 键在弹出的文本窗口中可以看到面积、周长等数据，见图 5.43。此种方法操作不灵活，使用范围有限。

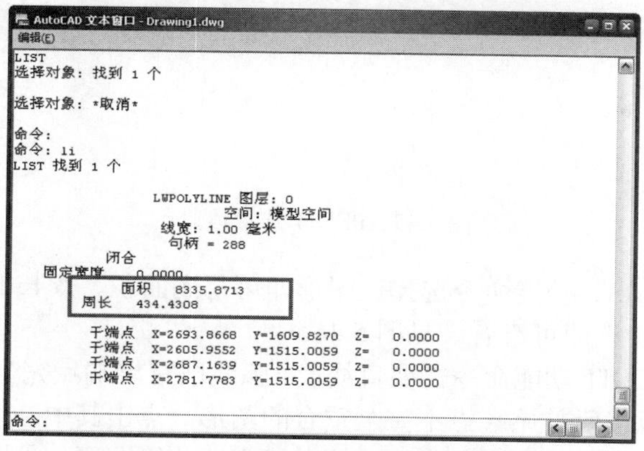

图 5.43　使用 LIST 功能命令查询数据

5.10 带弧线的园林图形面积和周长快速计算技巧

➜ 技巧内容

在实际工作中，常常需要计算一些带弧线的图形或范围的面积和周长。利用 AutoCAD 计算此类图形的面积及周长需要一定的技巧。此处介绍使用 PLINE、PEDIT、LIST 及 ARC 等功能命令计算带弧线的图形或范围的面积和周长方法。提示一点，若有的线段不能使用 PEDIT 功能命令连接，可以使用 PLINE、ARC 功能命令按原有路径描绘相同的图形,然后即可连接。见图 5.44。

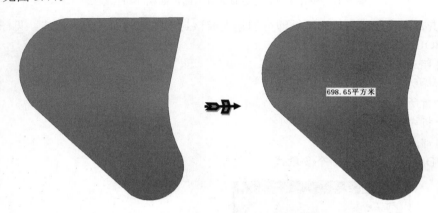

图 5.44　AutoCAD 计算带弧线的图形面积

➜ 技巧操作

（1）使用 PEDIT 功能命令将直线段与弧线段首尾连接为一体。见图 5.45。

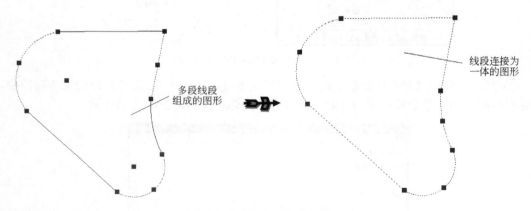

图 5.45　PEDIT 连接线段

（2）然后，使用 LIST 功能命令选择该图形即可得到面积、周长的数据。按"F2"键弹出"AutoCAD 文本窗口"即可查看。见图 5.46。

（3）注意，使用 PEDIT 功能命令需要直线段、弧线段首尾端点完全重合一致。见图 5.47。

（4）对直线段、弧线段首尾端点不完全重合的图形，点击其中一个端点，利用夹点功能移动使其与另外线段的端点重合一致，然后按上述方法计算即可。见图 5.48。

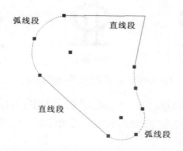

图 5.46　使用 LIST 功能命令查询数据

（a）线段首尾端点重合一致

（b）线段首尾端点不重合一致

图 5.47　线段首尾端点位置要求

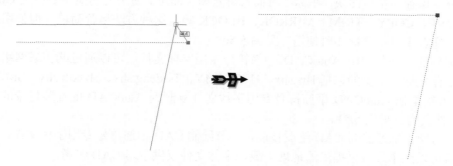

图 5.48　利用夹点移动端点重合一致

5.11 园林图中钢筋等级图形符号标注技巧

技巧内容

在工程施工中，按照国家相关规范规定，常用的是热轧钢筋，分为热轧带肋钢筋和热轧光圆钢筋。热轧光圆钢筋按屈服强度特征值分为 235、300 级，分别以 HPB235、HPB300 进行标识。热轧带肋钢筋按屈服强度特征值分为 335、400、500 级，分别以 HRB335、HRB400和 HRB500 进行标识。而在 CAD 绘图中，工程所使用的钢筋标注不使用前述的数字和字母形式，而是采用特殊的钢筋等级符号来标注识别。通常所说的 I 级钢筋、II 级钢筋、III 级钢筋、IV 级钢筋等分别以图 5.49 所示的符号表示。

I 级钢筋　　　　　II 级钢筋　　　　　III 级钢筋　　　　　IV 级钢筋　　　　　其他钢筋

图 5.49　常见钢筋等级图形符号

钢筋混凝土施工图中钢筋的标注，一般采用引出线的方法，具体有以下 2 种标注方法。

（1）标注钢筋的根数、直径和等级，例如"3Φ20"、"5Φ16"。

- 3、5：表示钢筋安装根数。
- Φ、Φ：表示钢筋等级符号。
- 20、16：表示钢筋直径大小（mm）。

（2）标注钢筋的等级、直径和相邻钢筋中心间距，例如"Φ8@200"、"Φ16@150"。

- Φ、Φ：表示钢筋等级符号。
- 8、16：表示钢筋直径大小（mm）。
- @：表示相等中心距符号。
- 200、150：表示相邻钢筋的中心间距大小（钢筋间距≤200mm、150mm）。

AutoCAD 软件系统本身并没有提供直接生成上述符号的功能命令。如何在 CAD 图中标注上述钢筋等级符号，将在下面操作方法中详细介绍。

技巧操作

（1）绘制钢筋符号有 2 种方法。方法之一是直接使用 AutoCAD 进行钢筋符号造型绘制，然后将其分别保存为符号图块，在标注时插入符号图块即可。使用的功能命令包括 CIRCLE、LINE、MOVE、COPY、TRIM、MIRROR、BLOCK 等。这种方法尽管简单，但使用起来不是很便利，适合少量钢筋标注时使用。见图 5.50。

（2）另外的方法是使用 AutoCAD 钢筋符号专用字体文件（可以通过购买或网络下载相关的专用字体文件，常见的包括 Hts.shx、HZFS.SHX、Tssdeng.shx、Hztxtb.shx、SMFS.SHX等）。具体方法是把 AutoCAD 钢筋符号专用字体文件复制到 AutoCAD 的安装目录的字体库"Fonts"文件夹内。见图 5.51。

此外，为便于学习提高 CAD 绘图技能，本节绘制 CAD 钢筋符号专用字体文件，读者连接互联网后可以到本章首页提供的地址下载，字体文件仅供学习 CAD 参考。

（3）重新启动 AutoCAD 软件，打开"格式"下拉菜单选择"文字样式"选项，在打开的对话框的左下角点击选择"正在使用的样式"。见图 5.52。

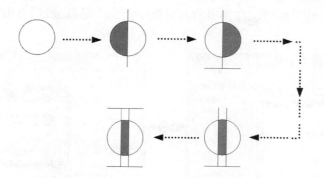

图 5.50　绘制钢筋等级符号图块

（a）常用的钢筋专用参考字体

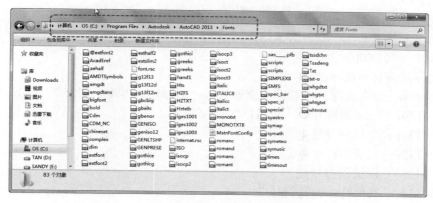

（b）"Fonts"文件夹

图 5.51　复制专用字体到"Fonts"文件夹

图 5.52　文字样式对话框

（4）在"文字样式"对话框中"字体"栏选择专用字体（例如"tssdeng.shx"），然后在右上角点击"置为当前"按钮，在弹出的对话框中点击"是"，最后点击"应用"即可。见图 5.53。

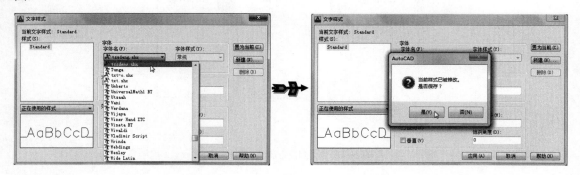

图 5.53　选择专用字体

（5）切换回绘图窗口，在 CAD 绘图时使用 TXET 功能命令（不用 MTEXT），输入如下文字相应的符号(例如Ⅱ级输入"%%131")，并选择 CAD 钢筋符号专用字体文件即可得到相应钢筋符号。见图 5.54。

命令: TEXT

当前文字样式:　"Standard"　文字高度:　10.0000　注释性:　否

指定文字的起点或 [对正(J)/样式(S)]:

指定高度 <10.0000>: 300

指定文字的旋转角度 <0>: 0

接着在屏幕上输入文字内容和对应钢筋符号，例如输入"%%13225"、"%%131@180"。

a. %%130：　一级钢符号Φ（也可以输入%%C）。

b. %%131：　二级钢符号Φ。

c. %%132：　三级钢符号Φ。

d. %%133：　四级钢符号Φ。

e. %%134：　其他特殊钢筋符号Φ。

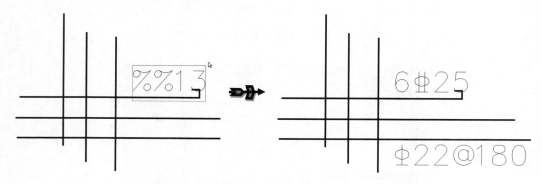

图 5.54　使用专用字体标注钢筋等级符号

第**6**章

园林 CAD 图形打印与转换技巧快速提高

各种园林 CAD 图形绘制完成后，需要打印输出，即打印成图纸供使用。此外，园林 CAD 图形还可以输出为其他格式电子数据文件（如 PDF 格式文件、JPG 和 BMP 格式图像文件等），供 Word、PPT 等文档使用，方便图纸交流，实现园林 CAD 图形与 Word、PPT 等文档互通共享。

本章讲解中使用的园林景观 CAD 图形，可以到如下地址下载使用：

● 百度网盘（下载地址为：https://pan.baidu.com/s/1gvW3KaMvW59QnRn500v9BA），其中"1gvW"中的"1"为数字。

6.1　园林 CAD 图形打印快速提高

➔ 技巧提示

园林 CAD 图形打印是指利用打印机或绘图仪，将图形打印到图纸上。一般情况下是在模型空间（MODEL）将图纸绘制完成，然后在模型空间或图纸空间（即布局，LAYOUT）进行打印输出。在模型空间的打印方法可以参考《园林专业 CAD 绘图快速入门》一书。在这里主要介绍在 AutoCAD 图纸空间进行图形打印的方法。见图 6.1。

➔ 操作方法

（1）首先绘制图幅图框。按设计单位的 LOGO 等要求绘制图框。园林图纸的图纸幅面和图框尺寸，即图纸图面的大小，按国家相关规范规定分为 A4、A3、A2、A1 和 A0。常见的图框图幅大小参见表 6.1，图框见图 6.2。图框绘制时可以按 1:1 或其他比例绘制，根据绘图比例确定。按要求完成图框绘制，单独保存为图框图形文件，例如"A2 图框.dwg"。限于篇幅，图框具体绘制过程在此从略。

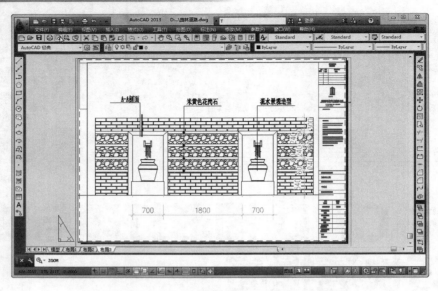

图 6.1　CAD 图形图纸空间（布局）打印

表 6.1　常见图纸幅面和图框尺寸　　　　单位：mm

幅面代号 尺寸代号	A4	A3	A2	A1	A0
$b \times l$	210×297	297×420	420×594	594×841	841×1189
c	5	5	10	10	10
a	25	25	25	25	25

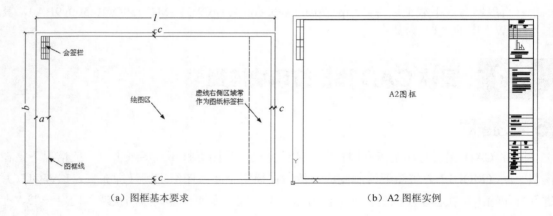

（a）图框基本要求　　　　　　　　（b）A2 图框实例

图 6.2　绘制图框

（2）图框画好以后，要把它固定在一个位置上，即图框的左下角要定位在 UCS 坐标的原点 "O（0,0,0,）" 上。方法是选择整个图框图形，以图框的左下角作为移动基点，移动位置则输入坐标数值 "0,0,0"。见图 6.3。

命令: MOVE

选择对象: 指定对角点: 找到 37 个

选择对象:

指定基点或 [位移(D)] <位移>:
指定第二个点或 <使用第一个点作为位移>: 0,0,0

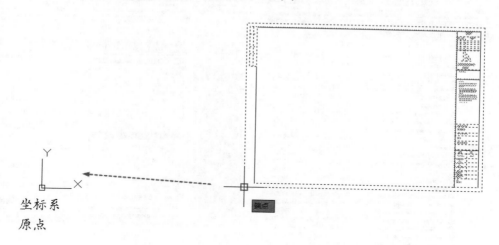

图 6.3　A2 图框图形位置定位

（3）图框的左下角要与定位在 UCS 坐标的原点一致，见图 6.4。

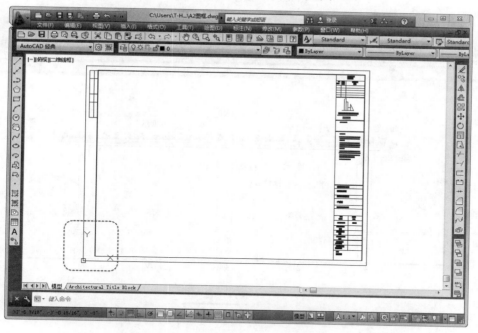

图 6.4　图框的左下角在 UCS 坐标原点

（4）最后，要把图框图形文件放到合适的位置，以方便今后使用时随时调用。图框图形文件保存位置如图 6.5 所示文件夹。文件夹常见路径为 "C:\Users\T-H\AppData\Local\Autodesk\AutoCAD 2013-Simplified Chinese\R19.0\chs\Template"，各个 AutoCAD 版本软件基本类似。其中，"T-H" 为个人电脑的名称，因人而异。

（5）在 CAD 的模型（MODEL）空间界面里绘制完成各种园林图形，图形绘制都采用 1 : 1 的比例，不用算比例画（某些节点、局部放大除外）。例如以毫米（mm）为单位，1m

绘制1000个单位即可。见图6.6。

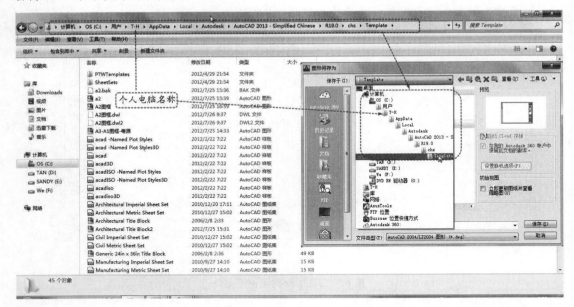

图6.5　图框图形保存位置

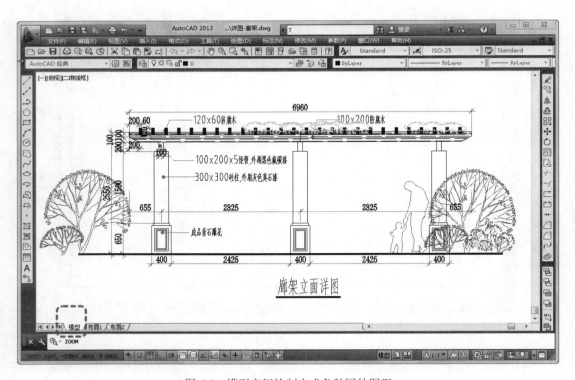

图6.6　模型空间绘制完成各种园林图形

（6）点击"插入"下拉菜单，然后点击选中"布局"中的"创建布局向导"，在弹出的"创建布局"对话框中的方框中输入新布局名称，不输入使用默认的布局名称也可以。点击"下一步"。见图6.7。

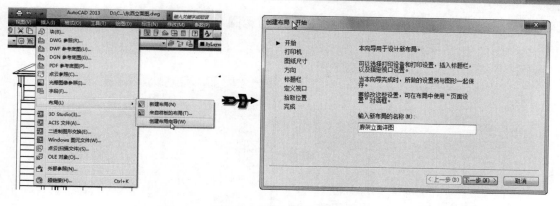

图 6.7　执行创建新布局

（7）选择个人电脑系统安装的打印机后，点击"下一步"， 再选择"图纸尺寸"，就是要打印的图纸的大小，点击"下一步"。见图 6.8。

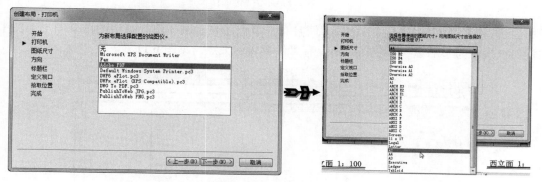

图 6.8　选择打印机和图纸大小

（8）选择要打印的图纸的方向，可以选择"纵向"，也可以选择"横向"，根据要打印的图纸方向来选择。点击"下一步"，选择标题栏。标题栏就是要打印的图框。前面绘制保存在文件夹中的 A2 图框也在列表中显示了，说明可以用自制的图框。选择需要使用的图框后，点击"下一步"。见图 6.9。

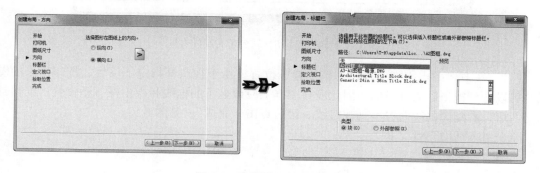

图 6.9　选择图纸方向和图框

（9）进入"定义视口"界面，就是要打印的视口框范围。一般是打印一个视口，因此本选项的默认"视口设置"就是"单个"。"视口比例"是要打印的图形以什么比例出图，如 1：50、1：100 等。也可以先不设置，按默认"按图纸空间缩放"设定。点击"下一步"，进

139

入"拾取位置"界面，选择要打印的视口框的位置范围。点击界面右边中间的"选择位置"
按钮，就进入视口框的指定选择界面。见图 6.10。

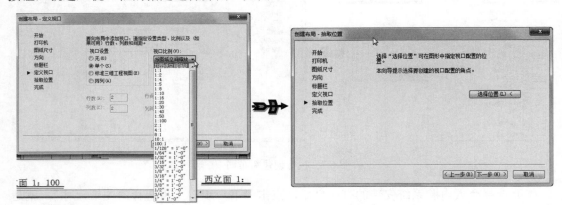

图 6.10 设置视口比例和选择位置

（10）操作界面切换转到了布局，而且布局里已经显示刚才选择指定的图框图形。图中
的视口框显示为小的虚线，且四个角上有可供编辑的夹点。见图 6.11。

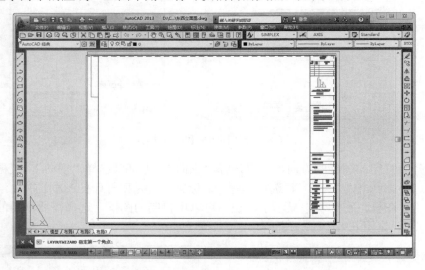

图 6.11 操作界面切换转到了布局视口框

（11）在窗口中点击指定视口框范围轮廓位置。由于视口框指定了以后，打印出来的图
纸是可以看到视口框的框线的，因此应使图框上应该显示的框线和视口框二者重叠，使得打
印出图后只看到图框线而看不到视口线。最后点击"完成"。见图 6.12。

命令: LAYOUTWIZARD

正在重生成布局。

正在重生成布局。

忽略块 _ArchTick 的重复定义。

指定第一个角点: 指定对角点: 正在重生成模型。

（12）切换操作界面到"廊架立面详图"布局状态。见图 6.13。

（13）进行视口中图形显示效果调整。在视口框的内部任何位置快速双击鼠标的左键，使视口呈现被选中状态，这时，视口框的框线为粗黑线，就可以对里面的图形使用 AutoCAD 各种功能命令进行放大或缩小等各种调整。大小不合适时，还可以使用 SCALE 功能命令对图框进行调整。见图 6.14。

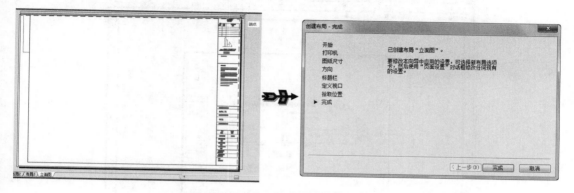

图 6.12　指定视口框位置并点击"完成"

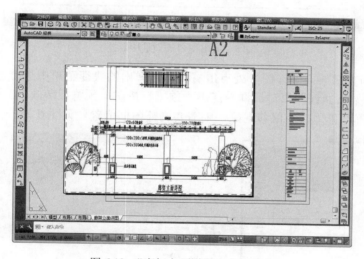

图 6.13　"廊架立面详图"布局状态

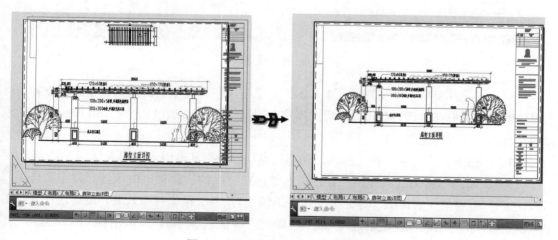

图 6.14　调整视口中图形显示效果

（14）要退出视口的被选中状态，可以在视口框的范围外任意位置双击鼠标左键，视口框的框线还原，就退出视口的被选中状态。退出后视口轮廓显示为细线。见图 6.15。

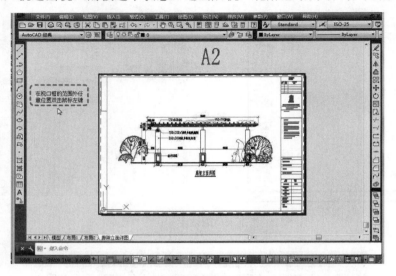

图 6.15　退出视口的被选中状态

（15）在布局"廊架立面详图"处点击右键，在弹出的快捷菜单中选择"打印"选项，然后在"打印-廊架立面详图"对话框中点击"预览"按钮，预览打印效果。预览效果不好，如布局中图框位置不正确，有偏移现象，则需要调整图框位置。见图 6.16。

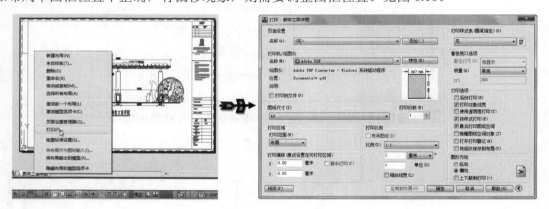

图 6.16　打印预览效果

（16）可以按取消键（Esc）返回"打印"对话框中，再按取消键返回调整图框位置。点击视口框外侧退出视口选中状态，然后选择整个图框，执行移动功能命令（MOVE），将图框移动到合适的位置。见图 6.17。

（17）同时可以点击视口框轮廓线，利用夹点功能调整其范围。见图 6.18。

（18）在布局"廊架立面详图"处点击右键，在弹出的快捷菜单中选择"打印"选项，然后在"打印-廊架立面详图"对话框中点击"预览"，再次预览打印效果。最后，在预览图中点击右键，在弹出的快捷菜单选择"打印"即可打印输出。也可以按取消键（Esc）返回"打印"对话框中点击"确定"进行打印。见图 6.19。

142

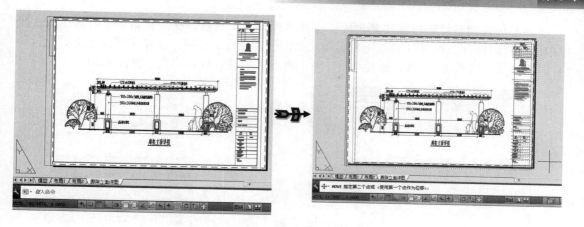

图 6.17 移动图框位置

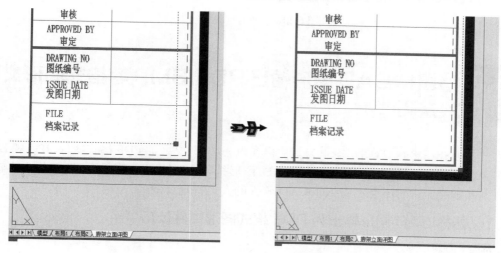

图 6.18 利用夹点功能调整视口框范围

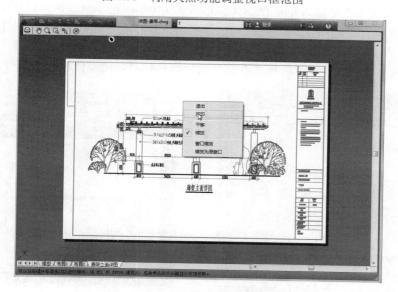

图 6.19 调整图框后预览打印效果

143

（19）如要调整打印出图比例，可以打开"视口"工具栏，在"视口"工具条中的下拉框中选择打印比例。也可以在布局"廊架立面详图"处点击右键，在弹出的快捷菜单中选择"打印"选项，然后在"打印-廊架立面详图"对话框中设置打印比例。见图 6.20。

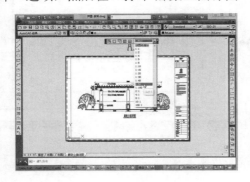

图 6.20　调整打印比例

6.2　园林 CAD 图形输出 PDF/BMP 等格式图形文件技巧

本节主要介绍将 CAD 图形输出为其他格式电子数据文件（如 PDF 格式文件、JPG 和 BMP 格式图像文件等）的技巧与方法。此种 CAD 图形打印输出技巧与方法在实际工作中比较实用，方便图纸交流，对不会实用 AutoCAD 软件的人员特别有效。

6.2.1　园林 CAD 图形输出为 PDF 格式图形文件技巧

▶ 技巧提示

PDF 格式数据文件是指 Adobe 便携文档格式 (Portable Document Format，PDF)文件。PDF 是进行电子信息交换的标准，可以轻松分发 PDF 文件，以在 Adobe Reader 软件（注：Adobe Reader 软件可从 Adobe 网站免费下载获取）中查看和打印。此外，使用 PDF 文件的图形，不需安装 AutoCAD 软件，可以与任何人共享图形数据信息，浏览图形数据文件。见图 6.21。

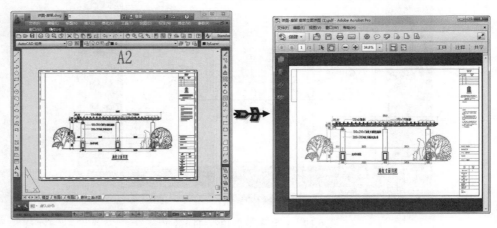

图 6.21　DWG 格式输出 PDF 格式图形文件

操作方法

（1）在命令提示下输入 PLOT 功能命令启动打印功能。

（2）在"打印"对话框的"打印机/绘图仪"下的"名称"框中，从"名称"列表中选择 "DWG To PDF.pc3"。可以通过指定分辨率来自定义 PDF 输出。在绘图仪配置编辑器中的"自定义特性"对话框中可以指定矢量和光栅图像的分辨率，分辨率的范围为 150～4800dpi（最大分辨率）。见图 6.22。

（3）也可以选择"Adobe PDF"进行打印输出为 PDF 图形文件，操作方法类似"DWG To PDF.pc3"方式（注：使用此种方法需要安装 Adobe Acrobat 软件）。

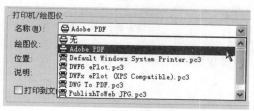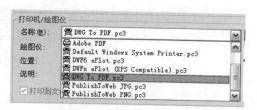

图 6.22　选择 DWG to PDF.pc3 或 Adobe PDF

（4）根据需要为 PDF 文件选择打印设置，包括图纸尺寸、比例等，如需要的图纸分辨率高，使用大图幅（如 A1、A0 以上）打印即可，然后单击"确定"。

（5）"打印区域"中通过"窗口"选择图形输出范围。见图 6.23。

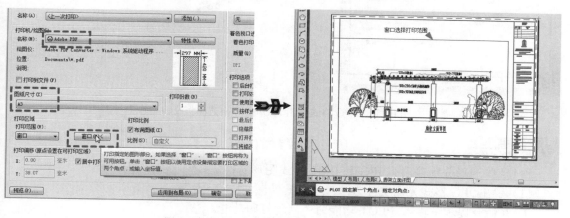

图 6.23　"窗口"选择图形打印输出 PDF 范围

（6）在"另存 PDF 文件为"对话框中选择一个位置并输入 PDF 文件的文件名，如图 6.24 所示，最后单击"保存"即可得到以"*.PDF"为后缀的图形文件。

6.2.2　园林 CAD 图形输出为 JPG／BMP 格式图形文件技巧

技巧提示

AutoCAD 可以将图形以非系统光栅驱动程序支持若干光栅文件格式（包括 Windows BMP、CALS、TIFF、PNG、TGA、PCX 和 JPG）输出，其中最为常用的是 BMP 和 JPG 格式光栅文件。创建光栅文件需确保已为光栅文件输出配置了绘图仪驱动程序，即在"打印机/绘图仪"一栏内显示相应的名称（例如系统配置有 PublishToWeb JPG.pc3）。见图 6.25。

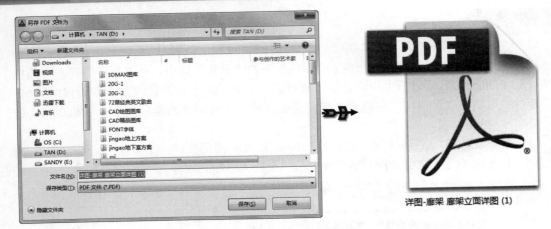

图 6.24　输出 PDF 图形文件

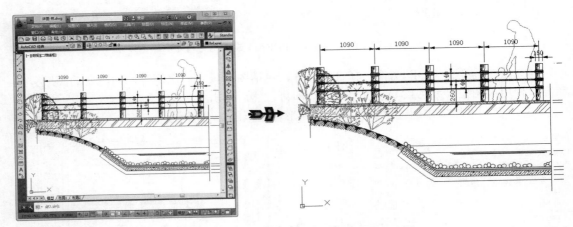

图 6.25　DWG 格式输出 JPG/BMP 格式图形文件

● 操作方法

将 CAD 图形分别输出为 JPG 和 BMP 格式图形文件。

（1）输出 JPG 格式光栅文件方法

① 在命令提示下输入 PLOT 功能命令启动打印功能。

② 在"打印"对话框的"打印机/绘图仪"下，在"名称"框中，从列表中选择光栅格式配置的绘图仪为"PublishToWeb JPG.pc3"。见图 6.26。

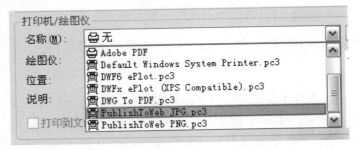

图 6.26　选择 JPG 打印设备

146

③ 根据需要为光栅文件选择打印设置，包括图纸尺寸、比例等，具体设置操作参见前一节所述，然后单击"确定"。系统可能会弹出"绘图仪配置不支持当前布局的图纸尺寸"之类的提示，此时可以选择其中任一个选项进行打印。例如选择"使用自定义图纸尺寸并将其添加到绘图仪配置"，然后可以在图纸尺寸列表中选择合适的尺寸。见图 6.27。

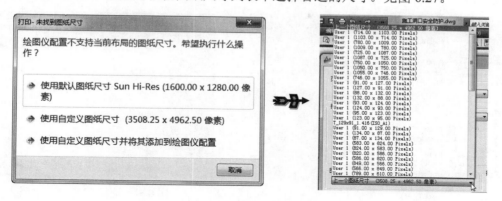

图 6.27　自定义图纸尺寸

④ "打印区域"中通过"窗口"选择 JPG 格式文件的图形范围，见图 6.28。

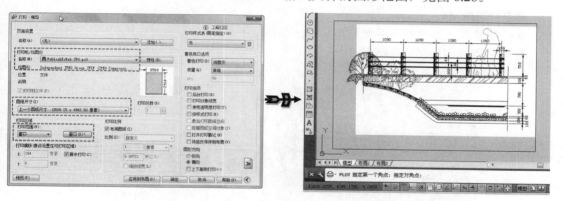

图 6.28　选择 JPG 格式文件的图形范围

⑤ 在"浏览打印文件"对话框中选择一个位置并输入光栅文件的文件名，然后单击"保存"。见图 6.29。

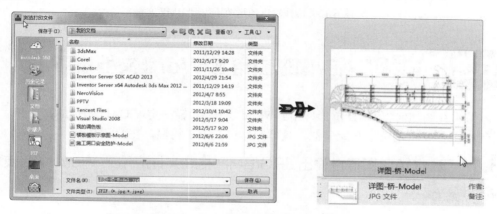

图 6.29　输出 JPG 格式图形文件

147

（2）输出 BMP 格式光栅文件方法

① 打开"文件"下拉菜单，选择"输出"选项。见图 6.30。

② 在"输出数据"对话框中选择一个位置并输入光栅文件的文件名，然后在"文件类型"中选择"位图（*.bmp）"，单击"保存"。见图 6.31。

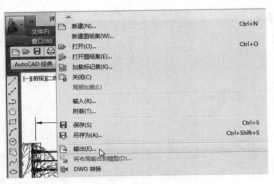

图 6.30　选择输出

图 6.31　选择 BMP 格式类型

③ 然后返回图形窗口，选择输出为 BMP 格式数据文件的图形范围，最后按回车键即可。见图 6.32。

命令: EXPORT

选择对象或 <全部对象和视口>: 指定对角点: 找到 1 个

选择对象或 <全部对象和视口>:

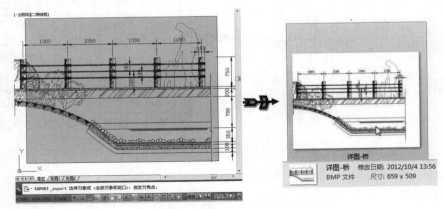

图 6.32　选择输出图形范围得到 BMP 文件

6.3　园林 CAD 图形应用到 Word 文档技巧

本节将介绍如何将 CAD 图形应用到 Word 文档中，轻松实现 CAD 图形的文档应用功能。应用到 PPT 等文档的方法与此类似，具体操作过程限于篇幅，在此从略。

6.3.1　园林 CAD 图通过输出 JPG/BMP 格式文件应用到 Word 中的技巧

◆ 技巧内容

JPG/BMP 图像格式的文件是最为灵活的格式文件，能够在大部分软件环境下使用。因此，通过复制可以快速将图形文件粘贴到 Word 文档中使用。此种 CAD 图形转换应用插入 Word 文档后，能够任意裁剪和旋转。点击右键弹出快捷菜单，选择"复制"即可应用到 Word 中。见图 6.33。

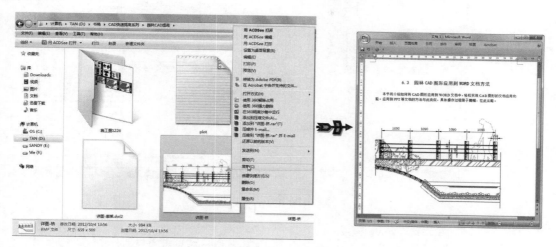

图 6.33　JPG/BMP 图形图像粘贴到 Word 文档中

● 技巧操作

（1）按照本章前述小节所述方法将 AutoCAD 绘制的图形输出为 JPG 格式图片文件，输出的图形图片文件保存在电脑某个目录下，本例输出的图形名称为"园林景观剖面详图-Model.jpg"。见图 6.34。

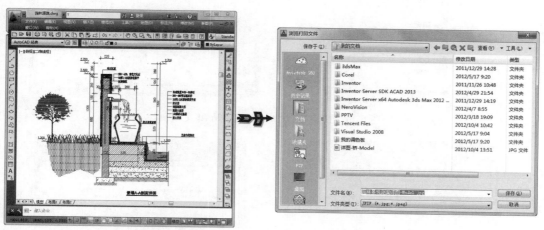

图 6.34　输出 JPG 格式图形图片文件

（2）在电脑中找到"园林景观剖面详图-Model.jpg"文件，点击选中，然后点击右键弹出快捷菜单，在快捷菜单上选择"复制"，将图形复制到 Windows 系统剪贴板中。见图 6.35。

（3）切换到 Word 文档，在需要插入图形的地方点击右键，在弹出的快捷菜单中选择"粘贴"，或按 Ctrl+V 组合键，将剪贴板上的 JPG 格式图形图片复制到 Word 文档中光标的位置。插入的图片比较大，需要图纸大小适合 Word 窗口。见图 6.36。

（4）利用 Word 文档中图形工具的"裁剪"功能进行调整，或利用设置对象格式进行调整，使其符合使用要求。见图 6.37。BMP 格式的图形图片文件应用方法与此相同，限于篇幅，具体操作过程在此从略。

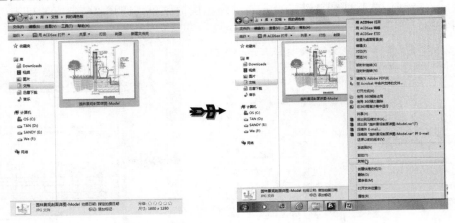

图 6.35　复制 JPG 图形图片文件

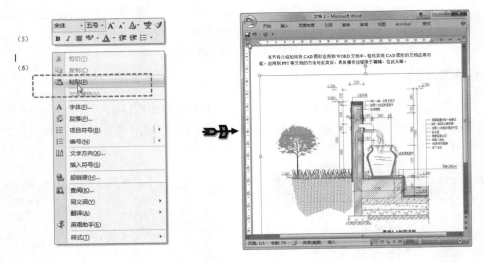

图 6.36　粘贴图形图片文件到 Word 文档中

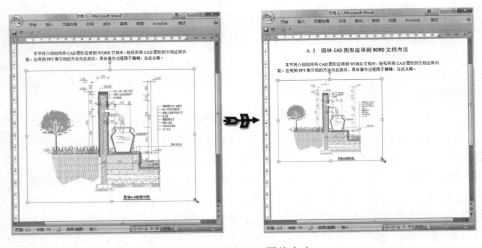

图 6.37　调整 JPG 图片大小

6.3.2 园林 CAD 图形通过输出 PDF 格式文件应用到 Word 中的技巧

⊙ 技巧内容

　　PDF 的广泛应用，使得其使用方式更为灵活。通过复制同样可以快速将图形文件粘贴到 Word 文档中使用。见图 6.38。

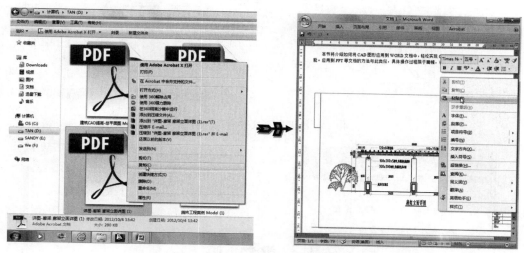

图 6.38　PDF 粘贴到 Word 中使用

⊙ 技巧操作

　　（1）按照本章前述小节所述方法将 AutoCAD 绘制的图形输出为 PDF 格式文件，输出的图形文件保存在电脑某个目录下，本例输出的图形名称为"园林道路 Model (1).pdf"。见图 6.39。

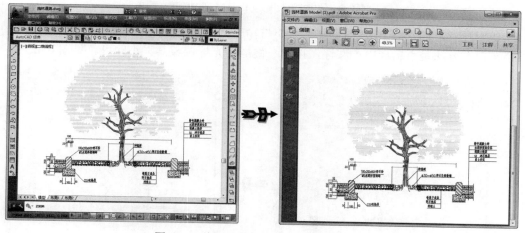

图 6.39　将图形输出为 PDF 格式文件

　　（2）在电脑中找到"园林道路 Model (1).pdf"文件，点击选中，然后点击右键弹出快捷菜单，在快捷菜单上选择"复制"，将图形复制到 Windows 系统剪贴板中。见图 6.40。

　　（3）切换到 Word 文档，在需要插入图形的地方点击右键，在弹出的快捷菜单中选择"粘贴"，或按 Ctrl+V 组合键，将剪贴板上的 PDF 格式图形复制到 Word 文档中光标位置。见图 6.41。

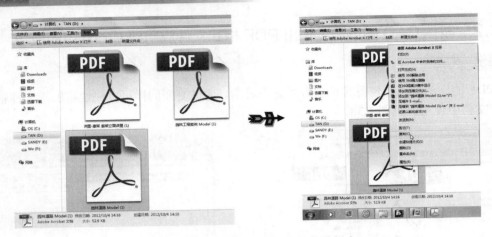

图 6.40　将 PDF 图形文件复制到剪贴板中

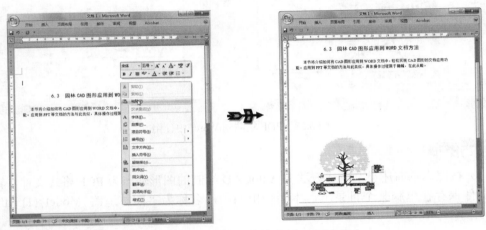

图 6.41　将 PDF 图形文件粘贴到 Word 文档中

（4）注意，插入的 PDF 图形文件大小与输出文件大小有关，需要进行调整以适合 Word 文档窗口。方法是点击选中该文件，按住左键拖动光标调整其大小即可。见图 6.42。

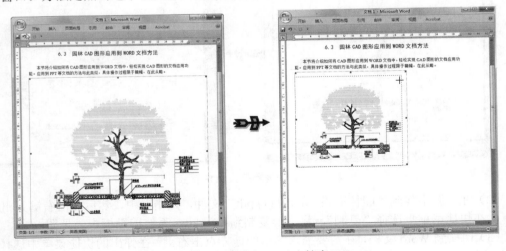

图 6.42　调整适合 Word 文档窗口

（5）此外，使用 PDF 格式文件复制，其方向需要在 AutoCAD 输出 PDF 时调整合适（也可以在 Acrobat pro 软件中调整），因为其不是图片 JPG/BMP 格式，PDF 格式文件插入 Word 文档后不能裁剪和旋转，点击右键在弹出的快捷菜单中"设置对象格式"中"旋转"不能使用。这是此种 CAD 图形转换应用方法的不足之处。见图 6.43。

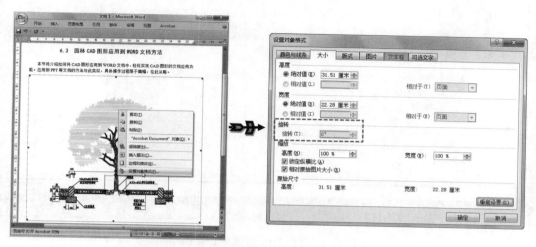

（a）插入的 PDF 图形文件"设置对象格式"中"旋转"不能使用

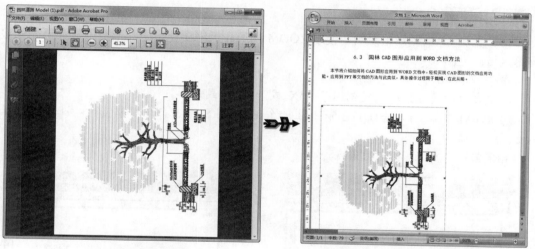

（b）Acrobat pro 软件中调整图形方向　　　　　（c）PDF 文件插入 Word 文档的图形方向

图 6.43　关于 PDF 格式文件的方向及裁剪

6.3.3　使用 Prtsc 按键复制园林 CAD 图形到 Word 中的技巧

➲ 技巧内容

　　Prtsc 按键复制是 Windows 系统最"原生态"的图像捕捉方法。在 CAD 绘图中，同样可以使用这种简单的方法捕捉 CAD 图形，快速得到图形图像文件，然后通过粘贴即可在 Word 文档中使用。此种方法只能捕捉整个屏幕，不能按范围捕捉，即电脑屏幕上看到的内容均包括在内，如输入法、Windows 系统栏等。见图 6.44。

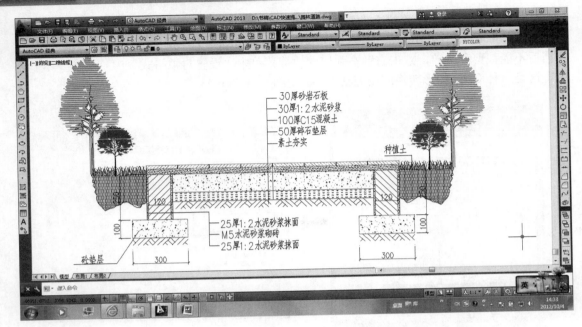

图 6.44　使用 Prtsc 按键复制图形图像

→ **技巧操作**

（1）完成 CAD 图形绘制后，使用 ZOOM 功能命令将要使用的图形范围放大至充满整个屏幕区域。见图 6.45。

命令: ZOOM

指定窗口的角点，输入比例因子 (nX 或 nXP)，或者

[全部(A)/中心(C)/动态(D)/范围(E)/上一个(P)/比例(S)/窗口(W)/对象(O)] <实时>: w（或输入 e）

指定第一个角点: 指定对角点:

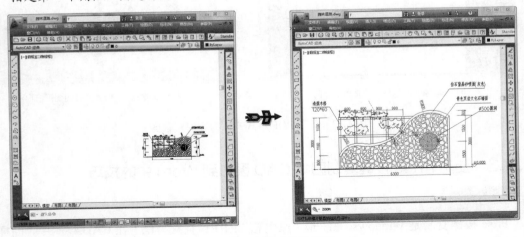

图 6.45　调整图形显示范围

（2）按下键盘上的 **Prtsc** 按键，将当前计算机屏幕上所有显示的图形复制到 Windows 系统剪贴板上了，然后切换到 Word 文档窗口中，点击右键，在弹出的快捷菜单中选择"粘贴"，

或按 Ctrl+V 组合键，图形图片即可复制到 Word 文档光标位置。见图 6.46。

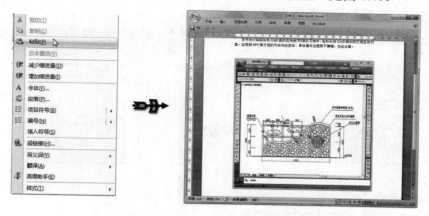

图 6.46 粘贴图形到 Word 文档中

（3）在 Word 文档窗口中，点击图形图片，在"格式"菜单下选择图形工具的"裁剪"功能。见图 6.47。

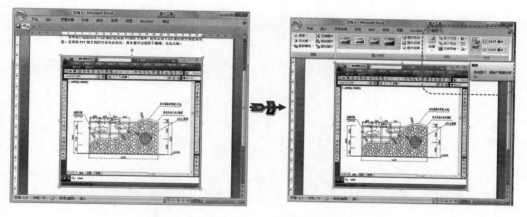

图 6.47 执行 Word 的"裁剪"功能

（4）将光标移动至图形图片处，点击光标拖动。见图 6.48。

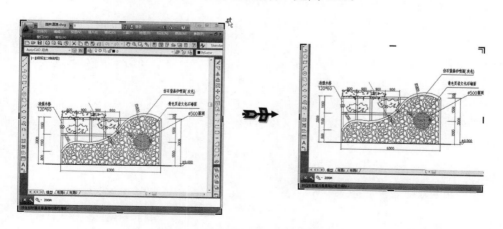

图 6.48 拖动光标进行图形图片裁剪

（5）移动光标至图形图片另外边或对角处，即可进行裁剪。可以在 Word 文档中将图片复制、移动到任意位置使用。见图 6.49。

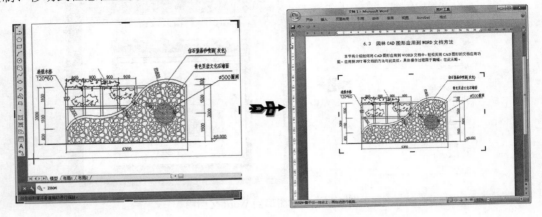

图 6.49　完成图形图片裁剪

第7章

园林景观植物及水景造型 CAD 绘制技巧快速提高

在园林设计中，有一些基本的造型绘制及布置，如人行道的花草树木、草地、水景等。本章主要介绍园林景观基本造型 CAD 绘图中的一些技巧和方法，通过学习这些技巧与方法，可以在一定程度上提高学习者园林 CAD 绘图的技能及绘图效率。在讲解中，主要注重阐述相关绘图技巧的运用，限于篇幅，对于园林景观图形具体绘制详细过程叙述较为简略。若对 CAD 图形绘制方法及基本操作不熟悉的，可以参考化学工业出版社出版的《园林专业 CAD 绘图快速入门》一书。

为便于学习提高 CAD 绘图技能，本章园林景观工程讲解案例的 CAD 图形（DWG 格式图形文件），读者连接互联网后可以到如下地址下载，图形文件仅供学习参考。

- 百度网盘（下载地址为：https://pan.baidu.com/s/1-a42tBIZSZTX19e4XcwOow），其中"1-a42t"中的"1"为数字。

7.1 园林景观植物布置 CAD 绘图技巧快速提高

在建筑小区园林绿化平面图中，常常需要布置一些花草、树木造型。如何快速进行花草树木造型布置显得极为重要，这对提高建筑小区园林绿化平面图绘图效率极为有效。见图 7.1。

7.1.1 园林景观花草树木平面造型创建技巧

➜ 技巧内容

在有限的花草树木平面造型图库中，快速创建一些不同的花草树木平面造型，以丰富园林景观绿化平面图中的花草树木图面内容。本技巧将介绍如何从花草树木平面图库中快速创建多种不同的花草树木平面造型。见图 7.2。

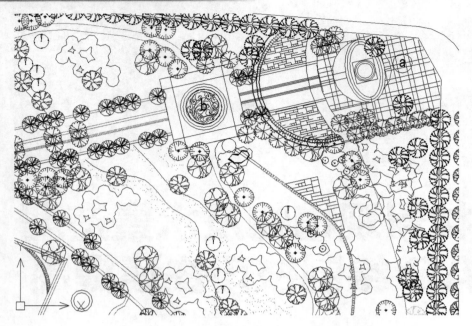

图 7.1 常见建筑小区园林景观植物平面布置图

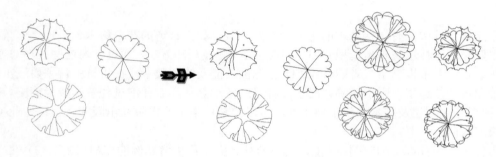

图 7.2 常见花草树木平面造型

⊙ 技巧操作

（1）选择 2 个花草树木造型，将其中 1 个图形复制到另外一个图形上，并使二者重心重合一致。见图 7.3。

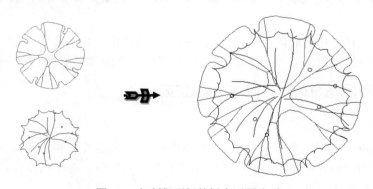

图 7.3 复制得到新的树木平面造型

（2）通过旋转（ROTATE）、缩放（SCALE）、删除（ERASE）等功能命令，先将图形编辑修改一下，然后再复制组合，可以得到更多的、不同的花草树木平面图案造型。见图7.4。

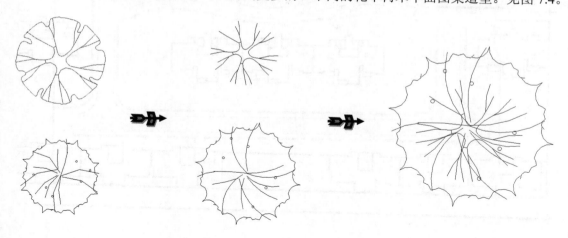

图 7.4　缩放、复制、删除得到新的树木平面造型

7.1.2　园林景观道路树木造型布置绘制技巧

→ 技巧内容

在园林景观总平面图绘制中，常常需要在道路两侧布置大量树木造型，绘图量较大。若利用一些绘图布置技巧，可以使得树木布置绘图工作量大大减少。本技巧将介绍如何快速有效布置园林景观总平面图中道路两侧树木平面造型。见图7.5。

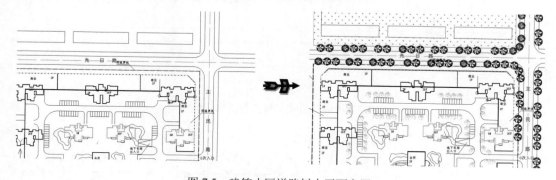

图 7.5　建筑小区道路树木平面布置

→ 技巧操作

以某小区的道路绿化树布置为例，说明其布置技巧和方法。见图7.6。

（1）将道路边线偏移作为树木定位线，便于布置整齐划一的树木位置图。注意偏移距离为树木平面图形圆形半径。见图7.7。

（2）插入树木平面图形，树木中心布置在树木定位辅助线上。按一定规律复制树木，复制数量参考设计效果。见图7.8。

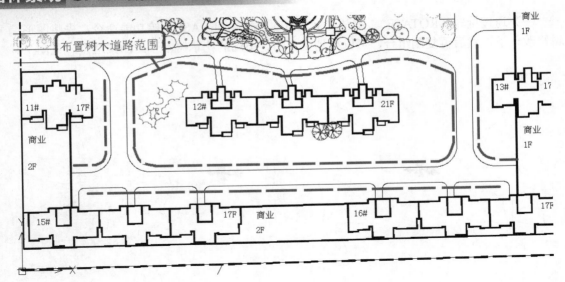

图 7.6 道路绿化树布置范围示意

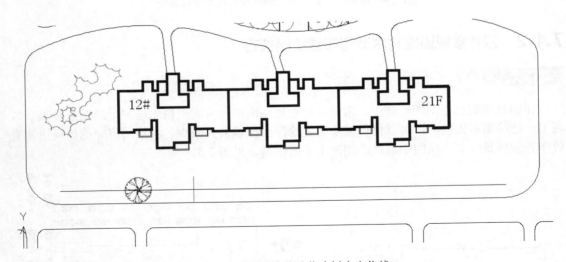

图 7.7 将道路边线偏移作为树木定位线

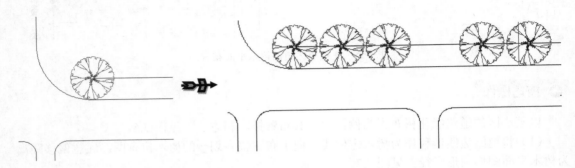

图 7.8 按直线位置布置树木造型

（3）然后将上述多个树木同时进行复制，可以加速布置速度。见图 7.9。

160

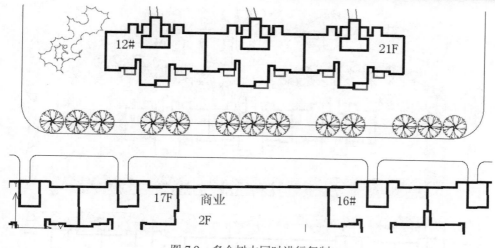

图 7.9 多个树木同时进行复制

（4）其他位置的树木平面造型布置可以按上述方法进行，最后删除辅助线即可。其他道路（包括市政道路、小区道路等）路边绿化树木的布置方法与此相同。见图 7.10。

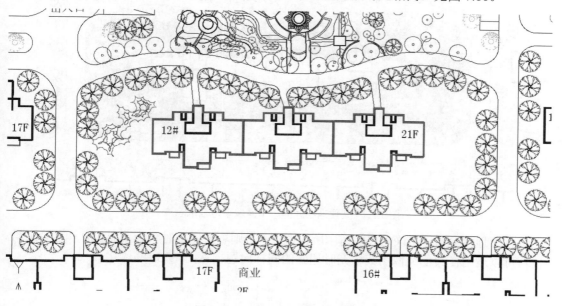

图 7.10 布置其他道路树木造型

7.1.3 园林景观室外草坪造型绘制技巧

技巧内容

在绘制建筑小区园林绿化平面图中，常常需要绘制大块草地造型。本技巧将介绍如何快速有效绘制草地、草坪的造型。见图 7.11。

技巧操作

以某住宅小区的一个区域草地为例，该区域已经布置道路绿化树木造型。见图 7.12。

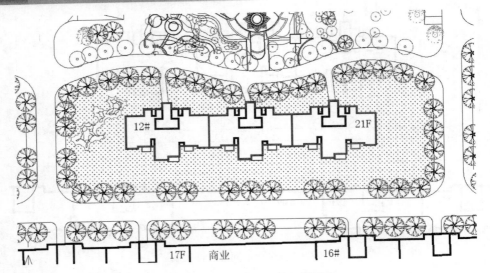

图 7.11　建筑小区草地造型绘制

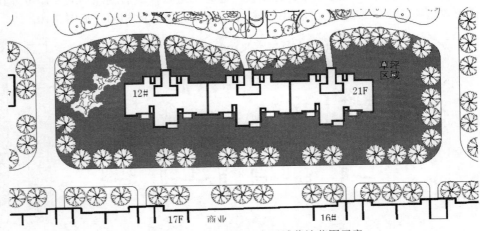

图 7.12　某住宅小区的一个区域草地范围示意

　　进行草地绘制时，建议先关闭树木所在图层，否则填充图案时极为费时，而且容易出错。此技巧可以适用在其他类似图案填充时遇到的同样问题。见图 7.13。

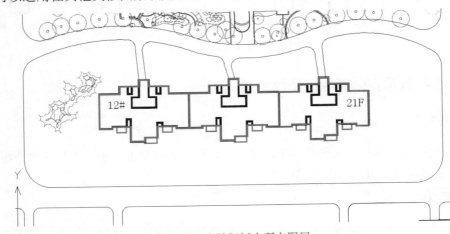

图 7.13　先关闭树木所在图层

（1）偏移道路轮廓线创建草地范围。轮廓线通过圆角（FILLET）、弧线（ARC）、多段线编辑（PEDIT）等功能命令进行编辑修改，使其成为封闭的区域。见图7.14。

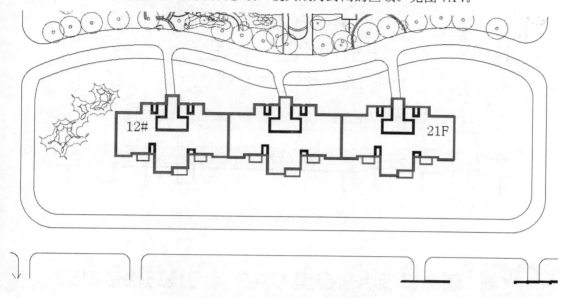

图 7.14　偏移道路轮廓线创建草地范围

（2）使用填充功能命令(HATCH)选择花草图案（GRASS），可以通过"添加：拾取点"方式对草地区域进行图案填充。注意设置合适的图案填充比例。若此时树木层没有关闭，则点取填充范围时极易出错或费时。见图7.15。

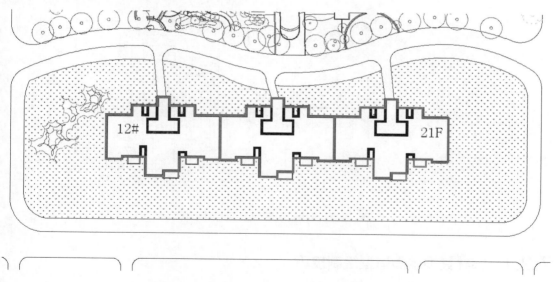

图 7.15　选择花草图案填充

（3）打开树木和其他图层，完成草地造型绘制。其他区域绿化草地造型按相同方法绘制即可。见图7.16。

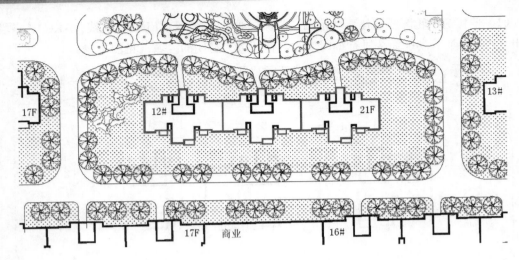

图 7.16　完成草地造型绘制

园林景观水景造型 CAD 绘图技巧快速提高

　　在园林景观工程设计绘图中，常常需要设计湖面、水面、瀑布等各种水景造型。如何快速进行园林景观的湖面或水面、水池等造型布置显得极为重要，对提高建筑小区园林绿化平面图绘图效率极为有效。见图 7.17。

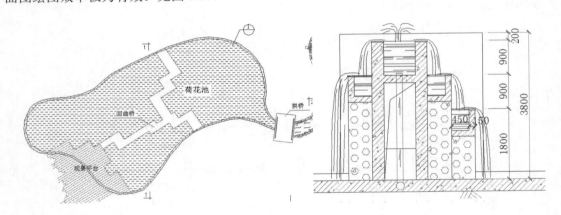

图 7.17　园林景观各种水景造型绘制

7.2.1　园林景观水面造型绘制技巧

◆ 技巧内容

　　在园林景观设计中，常常需要规划设计布置一定的水系来美化环境，例如人工湖、小溪等水面。本技巧将介绍如何快速有效绘制水面造型效果，见图 7.18。

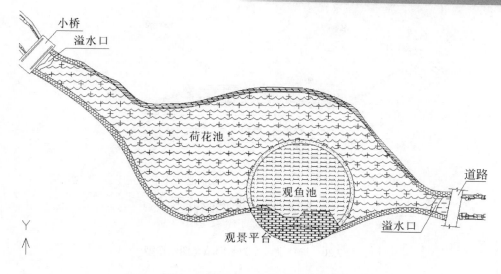

图 7.18　常见人工湖、小溪等水面

● 技巧操作

（1）按规划设计确定的轮廓范围绘制人工湖水景、小溪建筑轮廓造型。限于篇幅，其具体绘制过程在此从略。见图 7.19。

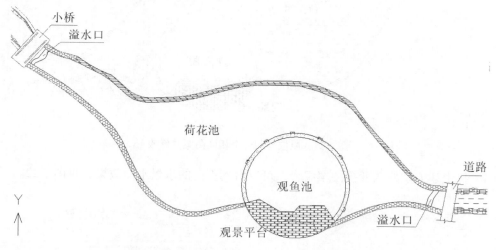

图 7.19　绘制人工湖水景、小溪建筑轮廓造型

（2）检查水景范围的边界轮廓线是否封闭，若不是闭合的，将无法正确填充图案。然后，利用图案填充功能命令（HATCH）选择虚线作为水面造型进行填充。也可以通过"添加：拾取点"方式对水景区域进行图案填充。注意设置合适的图案填充比例。见图 7.20。

（3）选择图案图形，原位复制一个相同图案（是二者重合的）。以图形中某个点作为复制基点，已该点作为复制位置点即可得到。然后选择其中一个图案，快速双击鼠标左键进入图案编辑修改对话框，选择新的图案将原图案修改，点击"确认"得到组合图案组成的水景水面效果。见图 7.21。

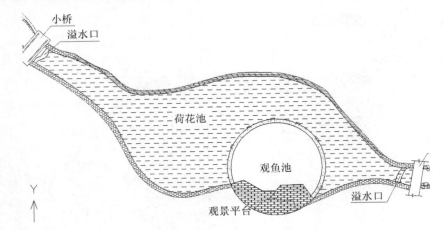

图 7.20　选择虚线作为水面填充图案造型

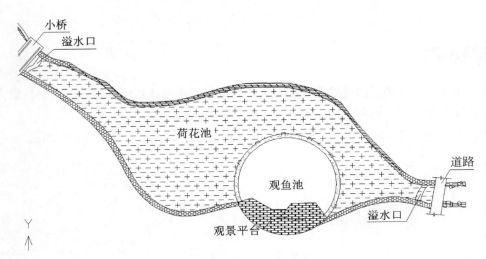

图 7.21　原位复制一个相同图案并修改

（4）按上述方法修改变换图案组合，可以得到不同的水景水面效果。见图 7.22。

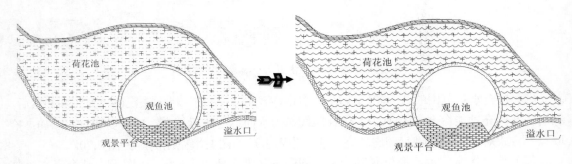

图 7.22　不同水景水面效果

（5）此外，还可以通过镜像（MIRROR）、旋转（ROTATE）等功能命令创建不同的新水景平面图案。方法是原位复制填充图案后，将其中一个填充图案进行镜像等操作即可。例如的观鱼池水面造型的绘制。见图 7.23。

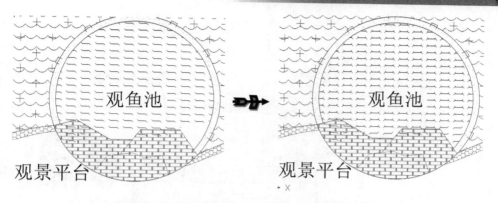

图 7.23　通过镜像等操作创建不同的新水景平面图案

7.2.2　园林景观流水立面造型布置绘制技巧

技巧内容

　　在园林景观设计中，水景立面造型也是常常会遇到的。本技巧将介绍如何快速有效绘制水景立面造型图。见图 7.24。

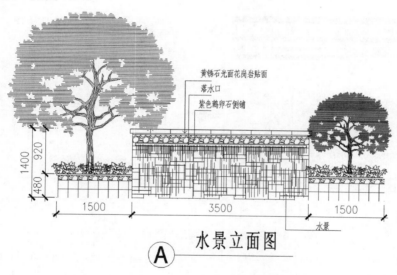

图 7.24　常见水景立面

技巧操作

　　（1）按照规划设计，绘制水景建筑立面图，作为绘制水景立面图的底图，确定水景立面范围。限于篇幅，其具体绘制过程在此从略。见图 7.25。

　　（2）将要绘制水景立面造型区域的背景图形图线（如墙体石材等）设置为浅色。方法是点击选择该区域内的所有图形，然后在特性工具栏上点击选择颜色（浅色 9）。见图 7.26。

　　（3）流水立面造型绘制方法之一是先绘制部分直线，直线长短不一，位置随机，然后进行复制或镜像得到其他位置的流水立面造型。见图 7.27。最后复制完成水景立面造型。此种方法的特点在于绘制第一个造型时要有一定的整体绘图布局感觉，才能使得绘制的图形不会太单调。见图7.28。

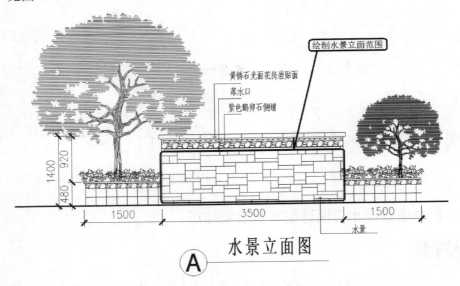

水景立面图

Ⓐ

图 7.25　绘制水景建筑立面图

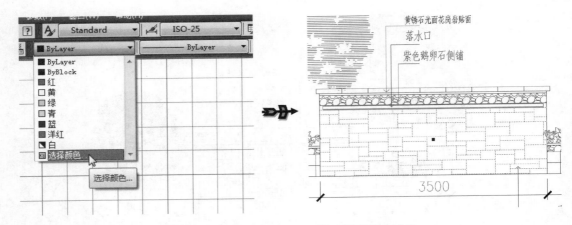

图 7.26　将绘制水景立面造型的区域设置为浅色

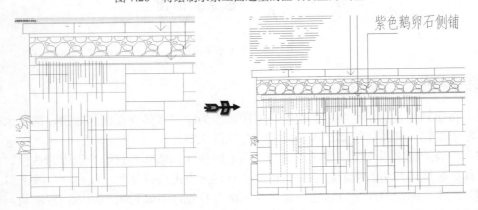

图 7.27　绘制长短不一直线

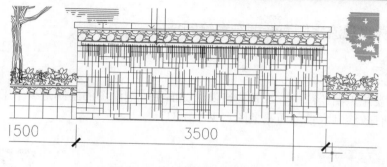

图 7.28　复制完成水景立面造型

　　（4）流水立面造型绘制另外一种方法可以采用图案填充方法，填充同时需运用一些技巧。先按流水区域使用 PLINE 功能命令绘制一个流水范围轮廓图形。注意绘制轮廓图形时，底部轮廓可以绘制成非规则形状，高低不同。见图 7.29。使用图案填充功能命令(HATCH)对流水范围轮廓图形填充合适的图案造型。填充图案时，使用前面曾使用的方法，原位复制一个相同的图案，然后将其修改为不同的图案类型，由此可以得到组合图案流水效果。最后删除轮廓线即可。见图 7.30。

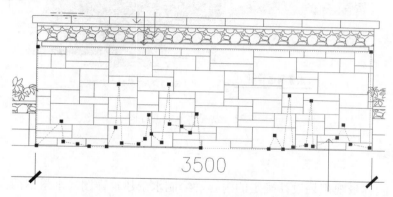

图 7.29　按流水区域绘制一个流水范围轮廓图形

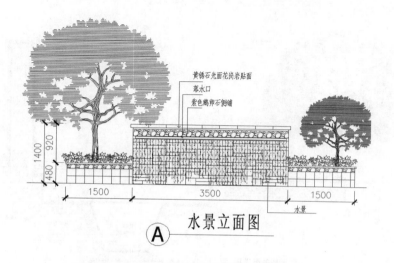

图 7.30　对流水范围轮廓图形填充合适的图案

169

7.2.3 园林景观流水侧面造型布置绘制技巧

🔘 技巧内容

在园林景观施工图绘图中，水景构造做法截面图、剖面图的绘制是少不了的。本技巧将介绍如何快速有效绘制水景剖面造型图。见图 7.31。

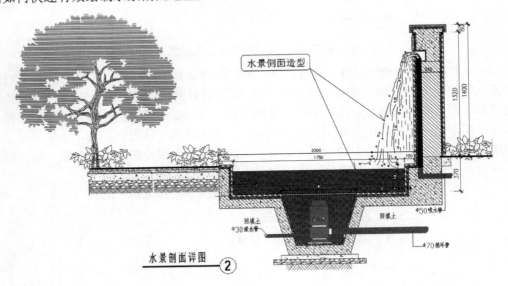

图 7.31　常见水景剖面详图

🔘 技巧操作

（1）按照园林景观规划设计确定的内容，绘制水景建筑详图（水景剖面详图），作为绘制水景侧面图的底图，确定水景侧面位置范围。限于篇幅，其具体绘制过程在此从略。见图 7.32。

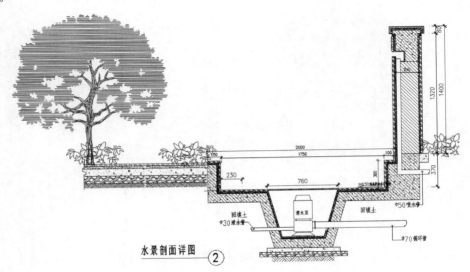

图 7.32　绘制水景建筑详图（水景底图）

（2）剖面详图中底部水池、导管管线等的流水侧面造型，通过填充图案（HATCH）即可得到。见图7.33。

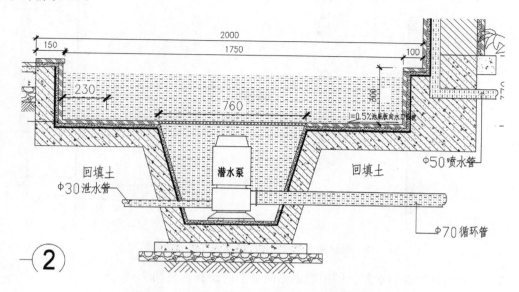

图 7.33　创建剖面详图中底部水池等流水侧面造型

（3）创建墙体处流水侧面造型轮廓，方法是绘制长度不等的短直线，然后通过复制（COPY）、旋转（ROTATE）、拉伸（STRETCH）等功能命令对其中部分短直线进行修改。绘制短直线时可以自然一点，造型更为逼真。见图7.34。

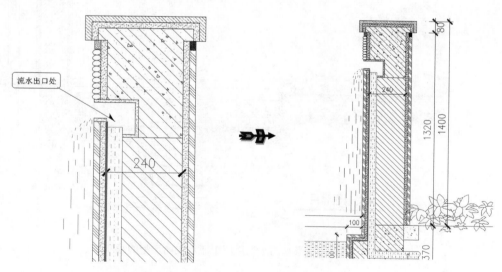

图 7.34　创建墙体处流水侧面造型轮廓

（4）然后在短直线外侧面，使用弧形（ARC）、样条曲线(SPLINE)、圆形（CIRCLE）、椭圆形（ELLIPSE）、复制（COPY）、旋转（ROTATE）等功能命令绘制流水侧面造型的流水表面部分侧面轮廓。绘制弧线、小圆形时可以随意一点，使造型更为逼真。见图7.35。

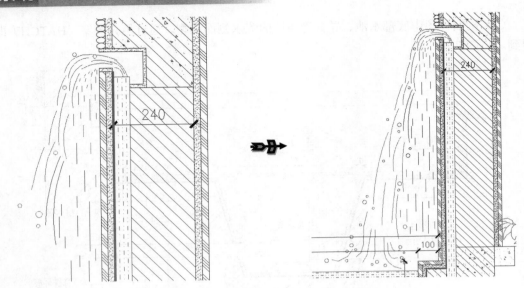

图 7.35　绘制流水侧面造型的流水表面部分侧面轮廓

（5）完成园林景观的水景详图中流水侧面造型的绘制。见图 7.36。

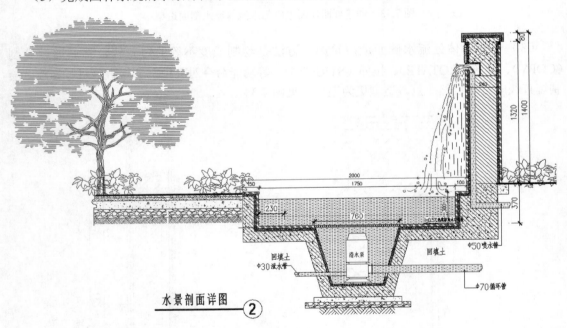

图 7.36　完成园林景观的水景详图中流水侧面造型的绘制

第**8**章

园林景观道路广场铺装造型 CAD 绘制技巧快速提高

园林景观设计中，常常要设计绘制诸如人行道、广场、步行道等一些基本的道路造型及布置。本章主要介绍在进行园林景观道路及广场铺装基本造型 CAD 绘图中的一些技巧和方法，通过学习掌握相关绘图技巧与方法，可在一定程度上提高学习者园林 CAD 绘图技能并对提高绘图效率有一定的促进。为便于学习，本章园林景观工程讲解案例的 CAD 图形（DWG 格式图形文件），读者连接互联网后可以到如下地址下载，图形文件仅供学习参考。

- 百度网盘（下载地址为：http://pan.baidu.com/share/link?shareid=67641&uk=605274645）

8.1 园林景观道路铺装造型 CAD 绘图技巧快速提高

在建筑小区园林景观道路详图绘制中，如何绘制形象美观的道路铺装效果图，需要一定的设计构思。快速绘制出具有独特创意、新颖的道路铺装效果图，不仅美化图面，也对提高建筑园林景观方案图及施工图绘图效率有某种程度的影响。见图 8.1。

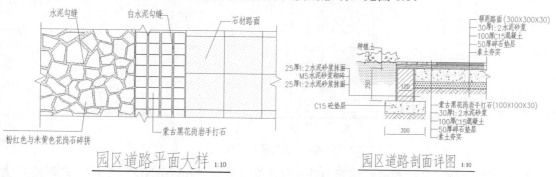

图 8.1　常见道路铺装及剖面图

8.1.1　园林景观道路铺装平面图绘制技巧

技巧内容

不同的建筑小区有不同的园林景观。不同的道路铺装构造做法，是体现不同园林景观的因素之一。本技巧将介绍如何快速有效绘制具有独特个性的道路铺装效果。见图8.2。

图8.2　常见人行道铺装效果

技巧操作

（1）按园林人行道道路宽度绘制其轮廓范围（道路宽度大小按设计确定）。此处仅取其中一段直线段道路作为案例说明。弧线段道路绘制方法类似。见图8.3。

图8.3　绘制人行道轮廓范围

（2）方法之一是使用图案填充功能命令（HATCH）选择合适的图案进行填充，并设置相应的比例、角度。此种方法填充的造型仅为示意，不能准确确定铺装的材料排列数量及用量。见图8.4。

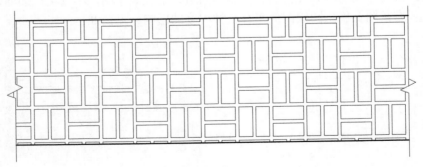

图8.4　填充铺装效果

（3）对填充图案之间的缝隙填充另外一种图案（砂浆"AS-SAND"图案）。此时需要使用技巧，否则填充不了。方法就是将所填充的图案先分解（EXPLORE），然后选择其中的缝隙范围进行填充即可。见图 8.5。

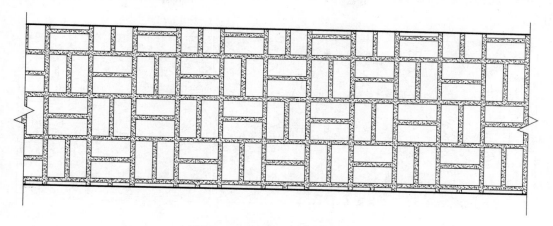

图 8.5　缝隙填充另外一种图案

（4）另外一种方法是先逐个绘制一定数量个性的铺装造型（利用 PLINE、SPLINE、ARC、COPY、ROTATE、MIRROR、SCALE 等功能命令进行绘制），然后进行复制。此种方法比较费时间。见图 8.6。

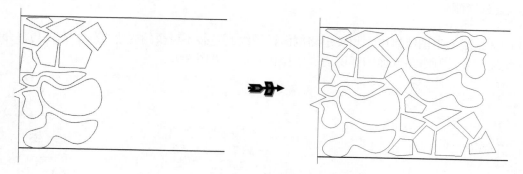

图 8.6　逐个绘制个性的铺装造型

（5）按上述方法逐步绘制人行道道路个性图案，然后将缝隙填充相应的图案，例如砂浆（AS-SAND）。见图 8.7。

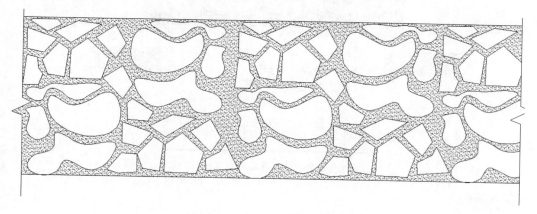

图 8.7　继续绘制个性铺装效果

175

（6）此外，还可以将其中部分小方块内填充相应的图案，使得道路铺装更具个性化。见图 8.8。

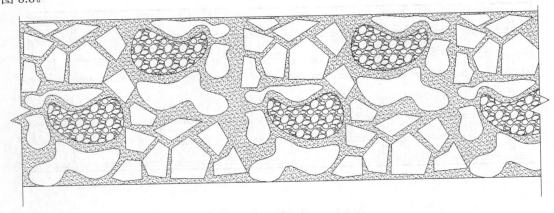

图 8.8　完成绘制人行道道路个性图案

8.1.2　园林景观道路剖面图绘制技巧

➔ 技巧内容

园林景观施工图绘制中，相关道路剖面详图绘制是必不可少的内容之一。本技巧将介绍如何快速有效绘制道路剖面图详图的一些操作方法。见图 8.9。

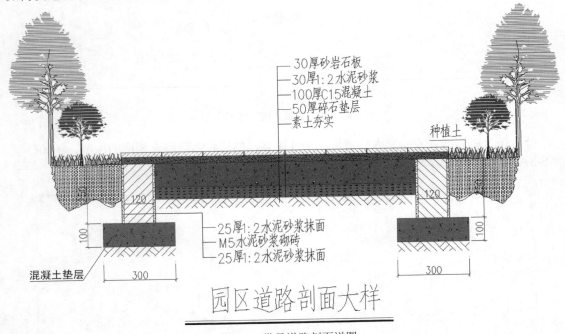

图 8.9　常见道路剖面详图

➔ 技巧操作

（1）先绘制道路两侧路基剖面轮廓，做法及大小按道路构造设计，并填充相应的材质图案，素土夯实图案斜线使用 LINE、OFFSET、LENGTHEN、COPY 等功能命令绘制。见图 8.10。

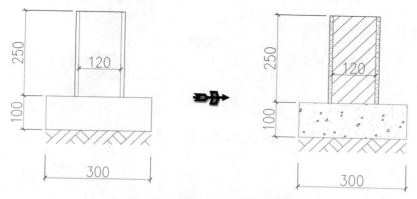

图 8.10　绘制道路两侧路基剖面轮廓

（2）创建道路两侧草地轮廓，并填充图案。可以使用 SPLINE 功能命令绘制填充轮廓辅助线，填充完成后删除即可。见图 8.11。

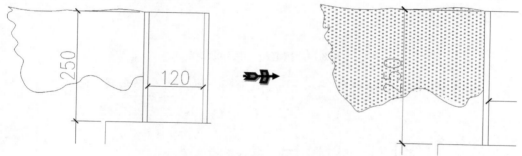

图 8.11　创建道路两侧草地轮廓

（3）勾画道路两侧草地的植物（主要是草坪）造型。使用 ARC、MIRROR、COPY 等功能命令进行创建，见图 8.12。

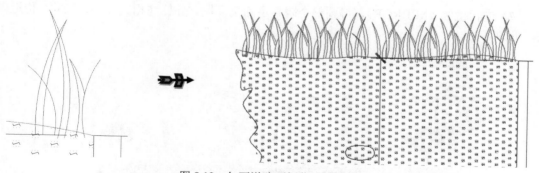

图 8.12　勾画道路两侧草地的植物

（4）插入树木立面造型。树木立面造型采用已有图库，直接复制粘贴使用，其大小通过缩放功能命令（SCALE）调整。见图 8.13。

（5）道路做法常常是对称的，因此可以按道路一半长度绘制道路截面轮廓，另外一半通过镜像快速得到。见图 8.14。

（6）绘制道路路面铺装材质，此处按石材铺装绘制。见图 8.15。

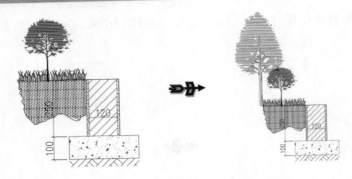

图 8.13　插入树木立面造型

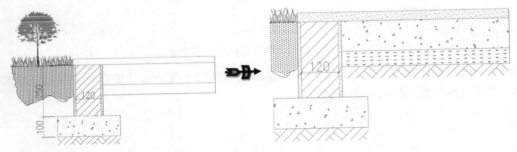

图 8.14　按道路一半长度绘制

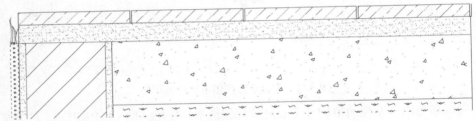

图 8.15　绘制道路路面铺装材质

（7）进行镜像（MIRROR），得到整个园林道路剖面图，并标注相关文字、尺寸、构造做法。见图 8.16。

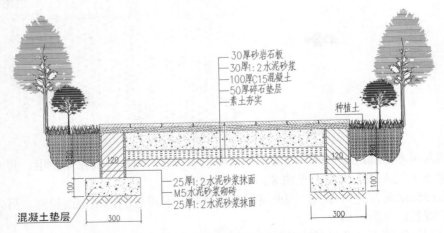

图 8.16　得到整个园林道路剖面图

178

8.2　园林景观广场铺装造型 CAD 绘图技巧快速提高

在住宅小区或市政广场园林景观道路绘制中，如何绘制大气的广场铺装效果图，需要设计师精心构思，以设计出具有独特创意的广场。见图 8.17。

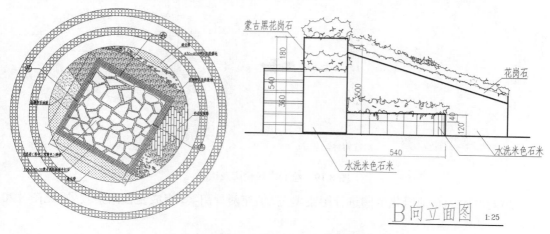

图 8.17　常见广场铺装及局部立面图

8.2.1　园林景观广场铺装绘制技巧

⊙ 技巧内容

园林景观施工图绘制中，广场也是常见的景观设施之一。本技巧将介绍如何快速有效绘制广场平面铺装详图。见图 8.18。

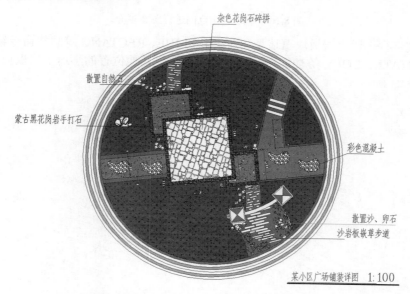

图 8.18　小区休闲广场铺装平面详图（效果示意图）

技巧操作

（1）先按项目工程总体规划设计确定的内容绘制广场轮廓及造型，作为绘制广场铺装的底图。限于篇幅，其具体绘制过程在此从略。见图 8.19。

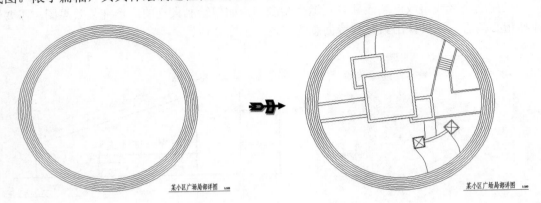

图 8.19　绘制广场轮廓及造型

（2）对其中的草地绿化范围进行图案填充，填充两种图案，组成复合图案效果。见图 8.20。

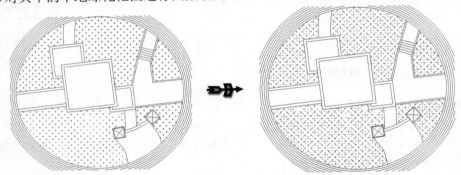

图 8.20　草地绿化范围进行图案填充

（3）绘制步行小道上岩板块石造型。先使用 PLINE、RECTANG 等功能命令绘制长方形，然后使用 ROTATE、COPY 等功能命令调整布置即可。其他位置的小道上岩板块石造型同理绘制。见图 8.21。

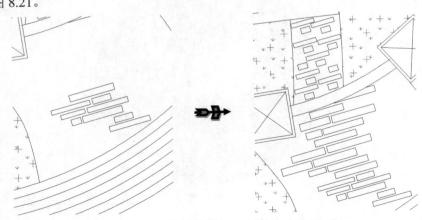

图 8.21　绘制步行小道上岩板块石造型

（4）创建一些散置自然石头造型。自然石头造型先使用 PLINE 功能命令绘制有宽度的外轮廓，再使用 ARC、LINE 等功能命令勾画内部纹理造型，然后通过复制（COPY）、旋转（ROTATE）、拉伸（STRETCH）等功能命令创建更多类似造型。其他位置的散置自然石头造型按类似方法绘制或复制。见图 8.22。

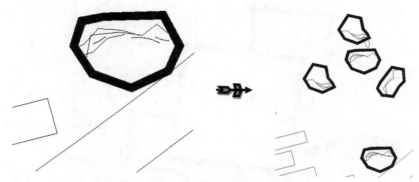

图 8.22　创建一些散置自然石头造型

（5）勾画一些细沙石、卵石造型。方法是先使用 PLINE、SPLINE 功能命令绘制个体造型，然后使用复制（COPY）、旋转（ROTATE）、拉伸（STRETCH）、缩放（SCALE）等功能命令创建群体造型，布置时随机布置一些，显得自然。见图 8.23。

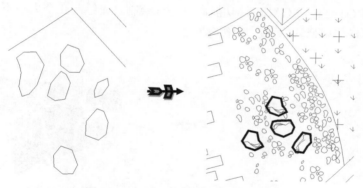

图 8.23　勾画一些细沙石、卵石造型

（6）创建脚印造型图案。先使用 SPLINE 功能命令绘制脚印轮廓，然后使用 HATCH 功能命令填充图案。见图 8.24。

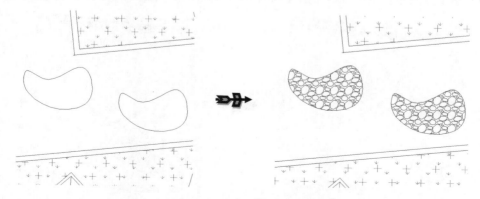

图 8.24　创建脚印造型图案

（7）对广场部分地面区域（除中部方框区域外）填充材质，填充图案根据设计选用合适的。见图8.25。

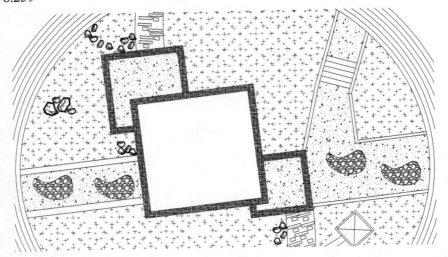

图 8.25　对广场部分填充材质

（8）中部方框区域绘制个性化填充材质（花岗石碎片造型）。使用 LINE、PLINE、SPLINE、ARC、COPY、ROTATE、SCALE 等功能命令进行绘制。先绘制几个大小不同的图形，然后布置排列，旋转移动调整其位置。见图8.26。

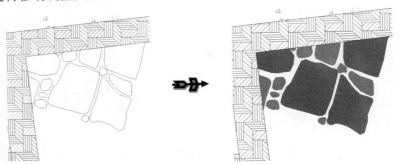

图 8.26　广场中部方框区域绘制个性化填充材质

（9）逐步复制布置整个方框内的花岗石碎片造型图案。见图8.27。

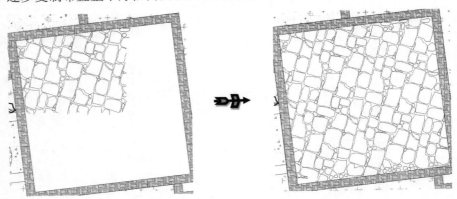

图 8.27　逐步复制绘制花岗石碎片造型

（10）标注相关说明文字、图名、尺寸等，完成小区休闲广场铺装详图绘制。见图 8.28。

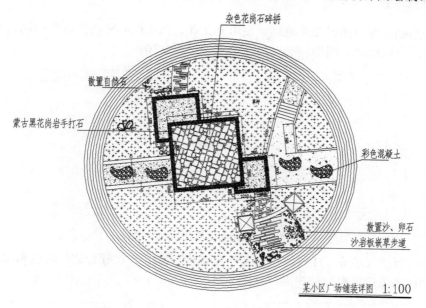

图 8.28　完成小区休闲广场铺装详图绘制

8.2.2　园林景观广场树池详图绘制技巧

⊙ 技巧内容

在园林景观绘图中，树木种植同样需要设计，其中树池的也是景观点缀之一。本技巧将介绍如何快速有效绘制树池详图。见图 8.29。

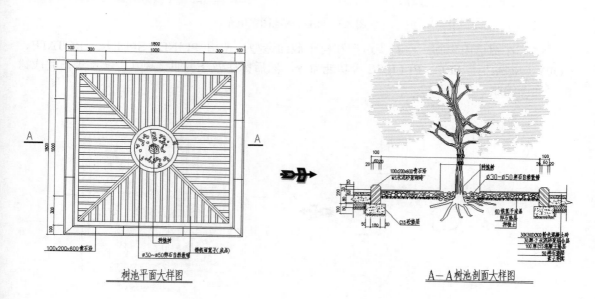

图 8.29　常见树池详图

→ 技巧操作

（1）先绘制树池平面详图外轮廓。使用 PLINE、POLYGON 功能命令绘制正方形，然后通过偏移得到方框轮廓。圆形位于对角线中部。见图 8.30。

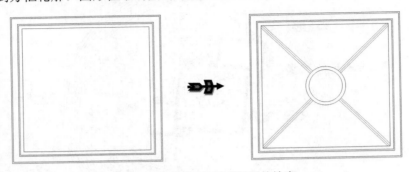

图 8.30　绘制树池平面详图外轮廓

（2）先进行图案填充（HATCH）（选择 ANSI32 图案），设置合适的角度和比例，然后进行镜像得到树池盖板造型对称图形。见图 8.31。

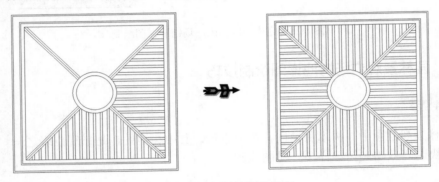

图 8.31　进行树池图案填充

（3）在圆形内勾画一些石头造型和树干截面造型，使用 PLINE、SPLINE、ROTATE、COPY、SCALE、ARC、ELLIPSE 等功能命令。然后标注做法说明、尺寸、文字等，完成树池平面图绘制。见图 8.32。

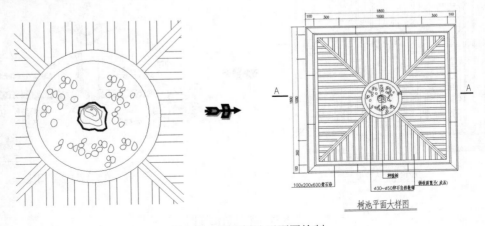

图 8.32　完成树池平面图绘制

（4）创建树池截面详图（A—A 剖面图）。因树池构造做法对称，先绘制一半，另外一半再镜像即可得到。见图 8.33。

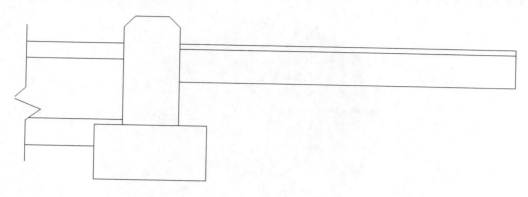

图 8.33　创建树池截面详图

（5）对树池截面填充或绘制材质做法示意图案。对部分图案选择 AutoCAD 软件自带的图案填充。见图 8.34。

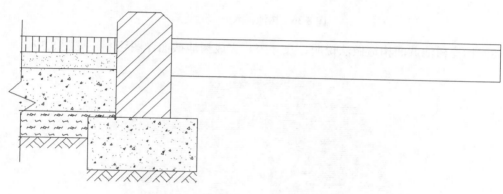

图 8.34　对树池截面填充或绘制材质做法

（6）创建卵石造型及自然土壤图案。卵石可以使用 PLINE、SPLINE 功能命令绘制轮廓，然后通过复制、旋转等创建多个。土壤造型可以先使用 ARC 功能命令绘制闭合的轮廓，然后填充实体（SOLID）图案，进行复制即可。见图 8.35。

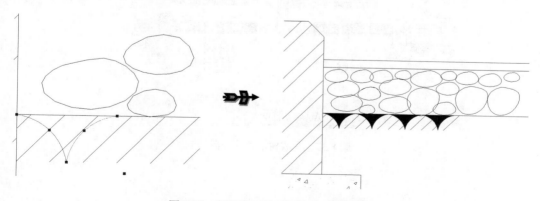

图 8.35　创建卵石造型及自然土壤图案

（7）进行镜像，并插入树木造型。树木造型使用已有图库，其大小可以通过 SCALE 功能命令调整。见图 8.36。

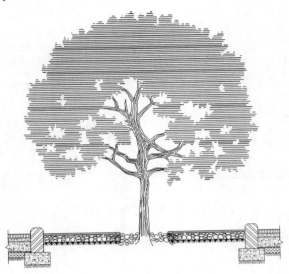

图 8.36　树池插入树木造型

（8）标注树池截面构造做法说明、尺寸等。完成树池截面详图绘制。见图 8.37。

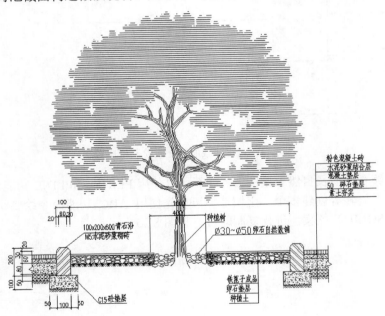

A－A树池剖面大样图

图 8.37　完成树池截面详图绘制

第**9**章

园林景观墙造型 CAD 绘制技巧快速提高

在进行园林设计中常常有各种景观墙体造型。本章主要介绍园林景观墙造型 CAD 绘图中的一些技巧和方法,通过学习这些技巧与方法,有助于提高园林 CAD 绘图技能和 AutoCAD操作水平。为便于学习提高 CAD 绘图技能,本章园林景观工程讲解案例的 CAD 图形(DWG格式图形文件),读者连接互联网后可以到如下地址下载,图形文件仅供学习参考。

- 百度网盘(下载地址为:http://pan.baidu.com/share/link?shareid=67637&uk=605274645)

9.1 园林景观墙平面造型 CAD 绘图技巧快速提高

在园林平面图中,景观墙体的绘制图线较多,包括直线墙体、折线墙体和弧形墙体,

9.1.1 园林景观弧形墙体平面绘制技巧

🕑 技巧内容

在园林景观墙体平面图中,弧形景观墙体虽然不是最为常用的墙体,但常常也会遇到。如何快速绘制弧形墙体平面,对园林平面图绘图也是要掌握的技巧之一。本小节将介绍如何利用 AutoCAD 快速绘制弧形墙体平面,使得园林绘图工作快速有效。见图 9.1。

🕑 技巧操作

(1)在弧形墙体处,先使用多线功能命令(MLINE)绘制直角墙体,然后使用分解功能命令(EXPLODE)将多线分解。见图 9.2。

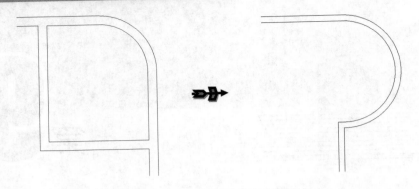

图 9.1　园林弧形景观墙体平面绘制

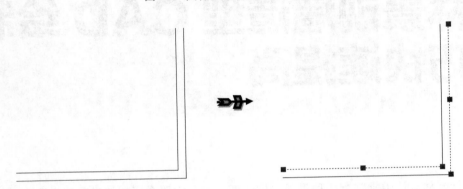

图 9.2　先绘制直角墙体

（2）使用倒圆角功能命令（FILLET）进行弧形墙体创建。注意，按弧形墙体的半径大小设置倒圆角半径，而且内外墙的半径不同，外墙半径比内墙半径大一个墙体厚度。见图 9.3。

命令:FILLET

当前设置: 模式 = 修剪，半径 = 0.0000

选择第一个对象或 [放弃(U)/多段线(P)/半径(R)/修剪(T)/多个(M)]: r(设置倒圆角半径)

指定圆角半径 <0.0000>: 4500

选择第一个对象或 [放弃(U)/多段线(P)/半径(R)/修剪(T)/多个(M)]:

选择第二个对象，或按住 Shift 键选择对象以应用角点或 [半径(R)]:

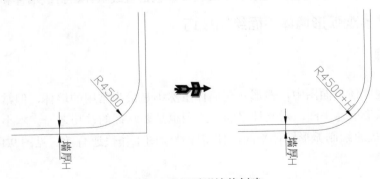

图 9.3　进行弧形墙体创建

（3）对于半圆形弧线墙体，可以使用圆形功能命令（CIRCLE）绘制，然后进行剪切即可。注意圆心位置。见图 9.4。

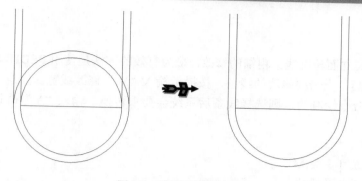

图 9.4　半圆形弧线墙体

（4）对于四分之一弧线墙体，也可以使用 CIRCLE 功能命令绘制，然后进行剪切（TRIM）即可。注意圆心位置。见图 9.5。

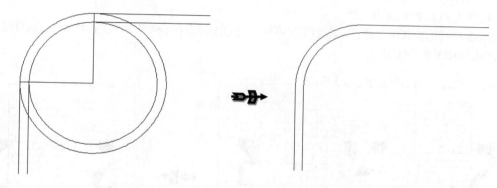

图 9.5　四分之一弧线墙体

9.1.2　园林平、立面图轮廓线条加粗修改技巧

⊙ 技巧内容

在园林景观平、立面图中，有时需要对部分轮廓线条进行加粗修改，这对园林景观平、立面图绘图也是要掌握的技巧之一。本小节将介绍如何利用 AutoCAD 快速修改轮廓线条粗细，使得绘图工作快速有效。见图 9.6。

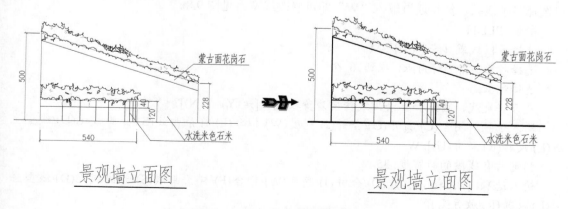

图 9.6　园林立面轮廓线条粗细修改

➲ 技巧操作

（1）园林平、立面轮廓线条粗细的修改，最为有效的方法是使用 PEDIT 功能命令。执行 PEDIT 功能命令后，点击要修改的线条，按提示输入"W"修改线宽。注意，若线条不是使用 PLINE 功能命令绘制的，则选择线条后系统会要求转换，输入"Y"确认转换即可。见图 9.7。

命令: PEDIT
选择多段线或 [多条(M)]:
选定的对象不是多段线
是否将其转换为多段线? <Y> Y
输入选项 [闭合(C)/合并(J)/宽度(W)/编辑顶点(E)/拟合(F)/样条曲线(S)/非曲线化(D)/线型生成(L)/反转(R)/放弃(U)]: W
指定所有线段的新宽度: 35
输入选项 [闭合(C)/合并(J)/宽度(W)/编辑顶点(E)/拟合(F)/样条曲线(S)/非曲线化(D)/线型生成(L)/反转(R)/放弃(U)]:

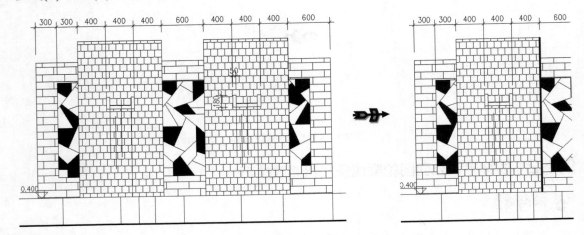

图 9.7　修改轮廓线条宽度

（2）若需要修改多条轮廓线条粗细，则执行 PEDIT 功能命令后输入"M"使用穿越或窗口选择多条线条，然后通过输入"W"即可修改线宽。见图 9.8。

命令: PEDIT
选择多段线或 [多条(M)]: M
选择对象: 指定对角点: 找到 6 个
选择对象:
是否将直线、圆弧和样条曲线转换为多段线? [是(Y)/否(N)]? <Y> Y
输入选项 [闭合(C)/打开(O)/合并(J)/宽度(W)/拟合(F)/样条曲线(S)/非曲线化(D)/线型生成(L)/反转(R)/放弃(U)]: W
指定所有线段的新宽度: 35
输入选项 [闭合(C)/打开(O)/合并(J)/宽度(W)/拟合(F)/样条曲线(S)/非曲线化(D)/线型生成(L)/反转(R)/放弃(U)]:

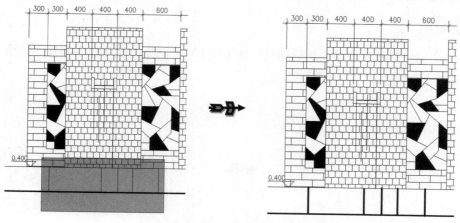

图 9.8　选择多条线条修改

（3）若需要恢复轮廓线条默认的"0"宽度，则执行分解功能命令（EXPLODE）选择轮廓线条即可。见图 9.9。

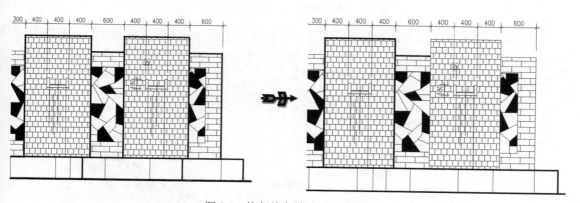

图 9.9　恢复线条默认"0"宽度

9.1.3　园林平面墙体弧形窗精确绘制技巧

🔶 技巧内容

在园林平面图中，除了直线造型的窗户外，还可能有弧形窗户造型。如何在弧形墙体中绘制弧形窗户造型，也是园林平面图应了解和掌握的技巧和方法之一。本小节将介绍绘制园林平面图中的弧形窗户造型的技巧和方法。见图 9.10。

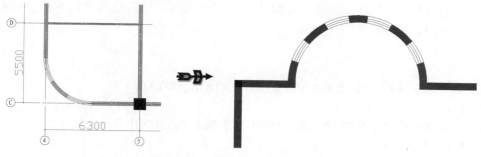

图 9.10　弧形门窗绘制

191

➔ 技巧操作

（1）绘制墙体厚度垂直线，然后偏移（OFFSET）确定弧形墙体的中心线。见图 9.11。

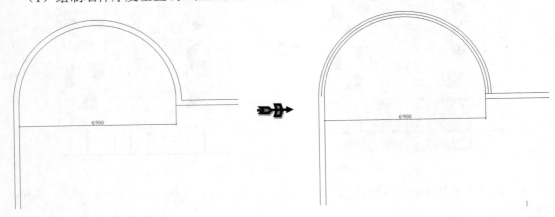

图 9.11　偏移确定弧形墙体的中心线

（2）设计以弧形墙体中心线为准，需要开窗宽度为 1800mm。以弧形墙体的弧形圆心为端点绘制 1 条垂直直线。计算 S=1800mm 长弧线、半径 R=6900/2+240/2=3570mm 对应的角度为 a=(S/R)×（180/π）=28.89°。见图 9.12。

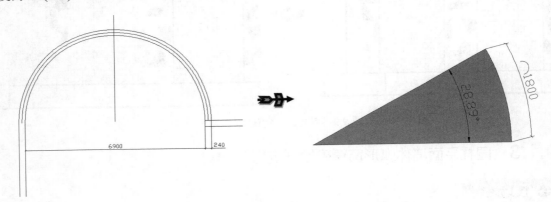

图 9.12　角度与弧线长度关系计算示意

（3）绘制弧形墙体中间位置窗户。先选中绘制的垂直线，点击圆心处端点为夹点。点击右键在弹出的快捷菜单选择"旋转"选项，在命令行中再选择"复制"，然后输入旋转角度，按前一步计算角度的一半（28.89/2 =14.445°）分 2 次旋转，依次输入"14.445""−14.445"即可。见图 9.13。

命令：

** 拉伸 **

指定拉伸点或 [基点(B)/复制(C)/放弃(U)/退出(X)]:_ROTATE

** 旋转 **

指定旋转角度或 [基点(B)/复制(C)/放弃(U)/参照(R)/退出(X)]: C

** 旋转（多重）**

指定旋转角度或 [基点(B)/复制(C)/放弃(U)/参照(R)/退出(X)]: 14.445

** 旋转 (多重) **

指定旋转角度或 [基点(B)/复制(C)/放弃(U)/参照(R)/退出(X)]：-14.445

** 旋转 (多重) **

指定旋转角度或 [基点(B)/复制(C)/放弃(U)/参照(R)/退出(X)]：

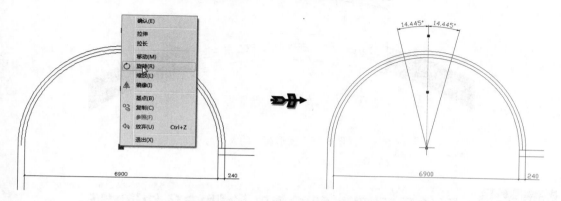

图 9.13　绘制弧形墙体中间位置窗户

（4）按上述方法绘制另外位置的窗户，其间距也是按照角度计算确定。见图 9.14。

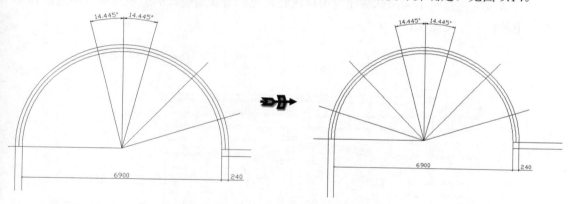

图 9.14　旋转定位弧形墙体其他窗户

（5）进行偏移及剪切，即可得到弧形窗户造型。见图 9.15。

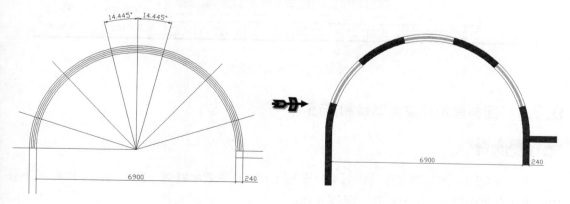

图 9.15　得到弧形窗户造型

（6）使用弧长（DIMARC）标注方式，选择中心线弧线，弧形窗户的大小按中心线大小标注，即为1800mm。见图9.16。

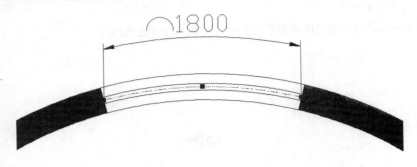

图9.16　弧形窗户的大小

9.2　园林景观墙造型 CAD 绘图技巧快速提高

景观墙设置在建筑小区园林绿化图中也比较常见。景观墙设计的造型对提升小区园林环境有一定的作用。见图9.17。

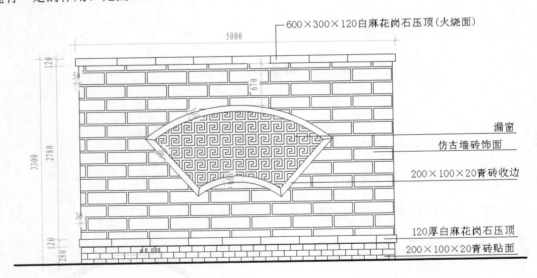

图9.17　景观墙立面图

9.2.1　园林景观墙立面图绘制技巧

🡒 技巧内容

快速绘制园林景观墙立面图，对提高园林 CAD 绘图效率将有一定帮助。本技巧将介绍如何快速有效绘制景观墙立面图。见图9.18。

194

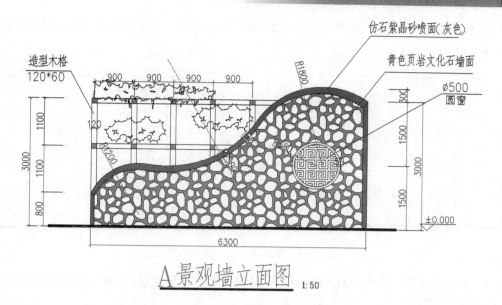

图 9.18　A 景观墙立面图绘制案例

> **技巧操作**

（1）绘制景观墙体的地平线，然后创建 3 个相切的圆形。圆形相互相切绘制方法参考前面有关章节论述的绘制技巧和方法。见图 9.19。

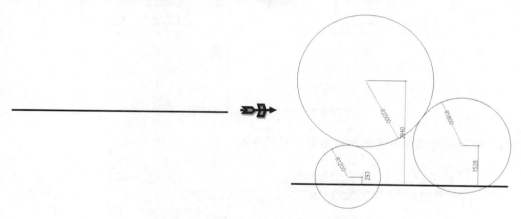

图 9.19　创建地平线及 3 个相切的圆形

（2）进行剪切得到弧线段，然后偏移弧线，得到景观墙立面弧线轮廓造型。见图 9.20。

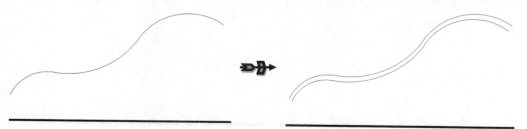

图 9.20　创建景观墙立面弧线轮廓

195

（3）绘制弧线上部花架轮廓造型。先绘制其中一组线，然后进行复制、剪切即可。见图 9.21。

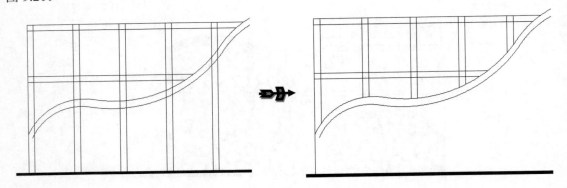

图 9.21　绘制弧线上部花架造型

（4）使用云线功能命令（REVCLOUD）绘制花架上花草造型。使用云线功能命令绘制时注意其方向。见图 9.22。

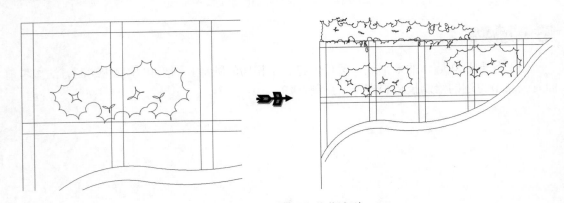

图 9.22　绘制花架上花草造型

（5）绘制景观墙体中的圆形窗造型。见图 9.23。

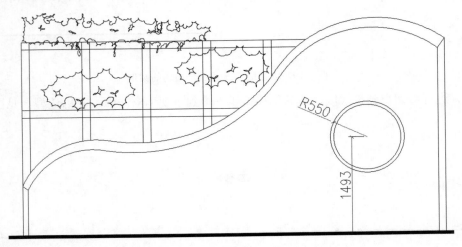

图 9.23　绘制圆形窗造型

（6）对景观墙立面分别填充不同图案。若要绘制有个性的图案，则使用 SPLINE、PLINE、ROTATE、SCALE 等功能命令进行绘制。见图 9.24。

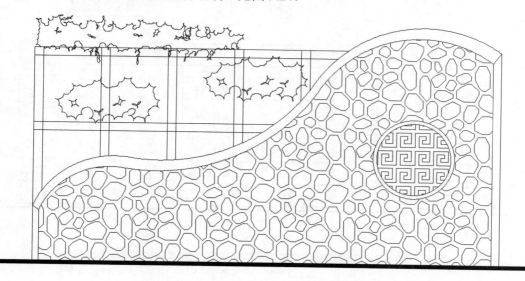

图 9.24　对景观墙立面分别填充不同图案

（7）标注文字、尺寸及材料构造做法等，完成景观墙立面图绘制。见图 9.25。

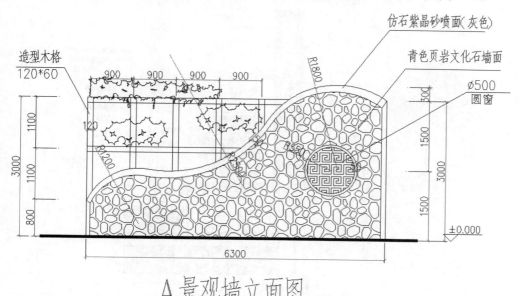

图 9.25　完成 A 景观墙立面图绘制

9.2.2　园林景观墙剖面图绘制技巧

➡ 技巧内容

景观立面图绘制完成后，常常需要绘制其剖面详图。本技巧将介绍如何快速高效绘制景

197

观墙体的剖面详图（A—A 剖面详图）。见图 9.26。

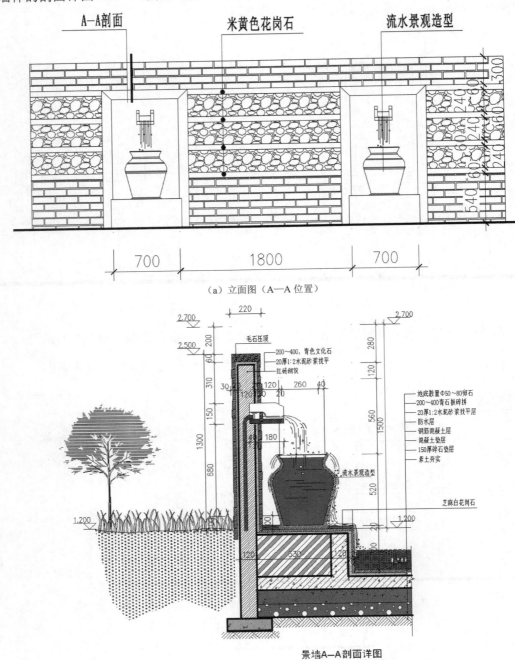

A—A剖面　米黄色花岗石　流水景观造型

（a）立面图（A—A位置）

毛石压顶
200~400、青色文化石
20厚1:2水泥砂浆找平
红砖砌筑

池底散置Φ50~80卵石
200~400青石板碎拼
20厚1:2水泥砂浆找平层
防水层
钢筋混凝土层
混凝土垫层
150厚碎石垫层
素土夯实

流水景观造型

芝麻白花岗石

景墙A—A剖面详图

（b）剖面图

图 9.26　某景观墙剖面详图

⊙ 技巧操作

（1）绘制景观墙体剖面轮廓。左侧土壤轮廓可以使用 SPLINE 功能命令绘制。见图 9.27。

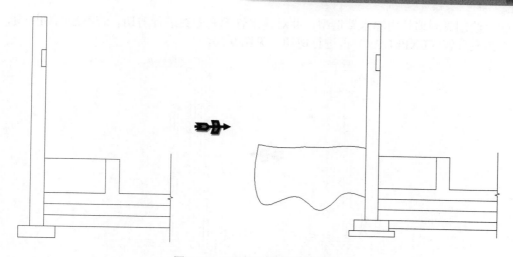

图 9.27　绘制景观墙体剖面轮廓

（2）对景观剖面填充图案。底部土壤造型图案可以先绘制辅助轮廓线，完成后删除辅助线即可。见图 9.28。

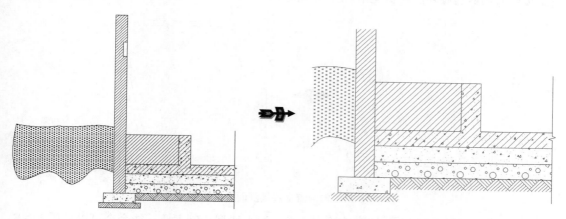

图 9.28　对景观剖面填充图案

（3）绘制景观墙体剖面详图面层轮廓造型。对墙体部分的面层轮廓绘制成厚度不一的造型，形成凹凸效果。见图 9.29。

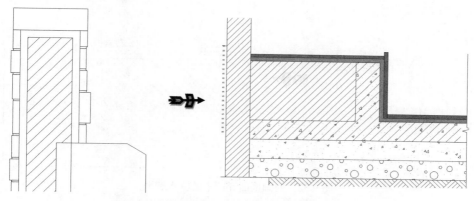

图 9.29　绘制景观墙体剖面详图面层轮廓造型

（4）绘制景观墙体内输水管造型，并对输水管填充图案进行剪切。若不能剪切图案，可以先将图案分解（EXPLORE）再进行剪切。见图 9.30。

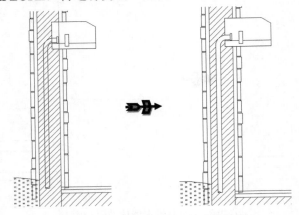

图 9.30　绘制景观墙体内输水管造型

（5）勾画流水水景剖面造型轮廓。该造型对称，先绘制一半再进行镜像即可。弧形线段造型可以通过剪切等功能修剪光滑。见图 9.31。

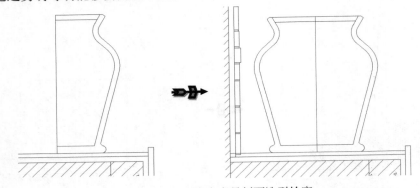

图 9.31　勾画流水水景剖面造型轮廓

（6）随机自然勾画剖面详图中的流水造型。流水造型绘制主要功能命令可以使用 LINE、ARC、CIRCLE、COPY、LENGTHEN、MOVE、SCALE 等，部分水面可以填充图案得到。见图 9.32。

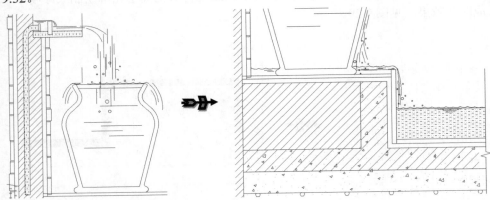

图 9.32　勾画剖面详图中的流水造型

（7）选择合适的图案，填充景观墙体剖面详图面层构造材质。见图 9.33。

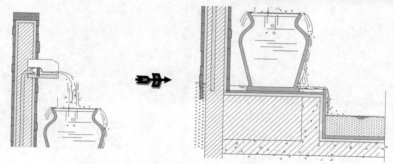

图 9.33　填充景观墙体剖面详图面层构造材质

（8）创建剖面详图左侧地面草坪造型，并插入树木立面造型。见图 9.34。

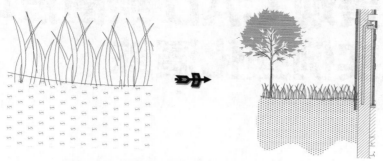

图 9.34　创建剖面详图左侧地面草坪、树木造型

（9）标注景观墙体剖面详图的相关说明文字、尺寸、高程、图名等，可以使用前一节介绍的图形加粗方法对部分线条加粗，完成景观墙体剖面详图绘制。见图 9.35。

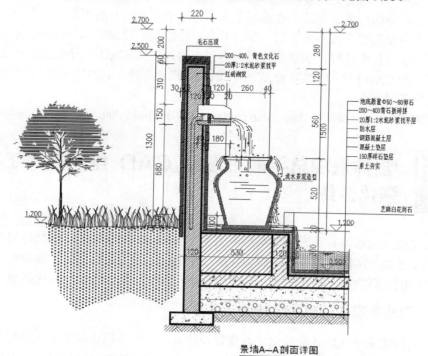

景墙A—A剖面详图

图 9.35　完成景观墙体剖面详图绘制

201

第 **10** 章

园林景观 CAD 绘图技巧 工程实例强化演练

本章以实际园林景观工程为例，论述前面各个章节所介绍的各种园林 CAD 绘图技巧在园林景观工程设计中的具体应用，目的是对这些技巧进行强化练习，加深理解，使读者更为熟悉其使用方法，以求更好地提高园林 CAD 绘图效率和技能。另外说明一点，限于篇幅，园林景观工程部分图形的具体绘制过程不是本书论述的重点，有的可能是一带而过，重点强调在绘制中可以使用哪些技巧和方法，学习者可以按绘制需要或提示使用前面章节所介绍的各种技巧与方法进行全过程详细绘制练习。为便于学习提高 CAD 绘图技能，本章园林景观工程讲解案例的 CAD 图形（DWG 格式图形文件），读者连接互联网后可以到如下地址下载，图形文件仅供学习参考。

- 百度网盘（下载地址为：http://pan.baidu.com/share/link?shareid=67634&uk=605274645）

10.1 园林景观总平面布置图 CAD 绘图技巧工程实例强化演练

本小节主要强化练习有关园林景观总平面布置图 CAD 绘制中的一些技巧与方法。本案例以常见的某建筑小区园林景观总平面布置图（图 10.1）作为讲解案例，逐步介绍绘图过程中的一些技巧的具体应用及操作实践。其他园林景观总平面布置图绘制与此类似。

10.1.1 园林景观建筑底图绘制强化练习

（1）在进行建筑小区园林景观总平面规划设计时，一般采用建筑专业提供的建筑总平面图作为绘图底图，内容一般包括周边环境道路、红线、小区道路、小区建筑外轮廓、停车场、广场等位置范围，并进行相应的简化，如删除不需要的图形、图线、符号、文字。注意，一般情况下，建筑总平面图由建筑专业提供，其具体绘制过程在此从略。见图 10.2。

建筑园林总平面布置图

图 10.1 某建筑小区园林景观总平面布置图

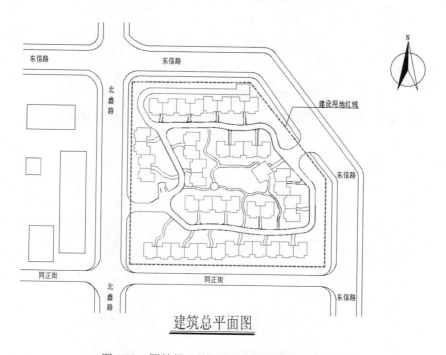

建筑总平面图

图 10.2 园林景观绘图底图（建筑总平面图）

203

（2）为便于园林景观绘图,将简化后的建筑总平面底图设置在一个新的图层中（LAYER）,然后将该图层锁定。图层锁定后,该图层图形不会被移动或删除。见图10.3。

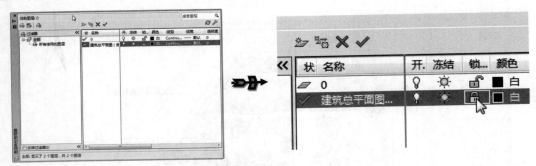

图 10.3　锁定底图

10.1.2　园林总平面景观造型绘制强化练习（道路广场）

（1）园林景观总平面图中的道路广场,基本按照建筑总平面图规划设计确定的道路走向及位置确定。按景观设计,对部分人行道和广场的造型可以适当修改,使其个性化。见图10.4。

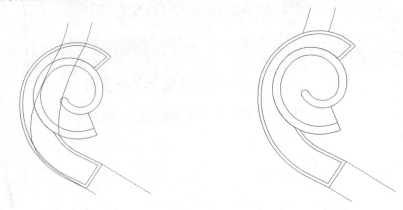

图 10.4　人行道造型个性化修改

（2）小区广场造型绘制。广场造型形式按规划设计确定。见图10.5。

图 10.5　小区广场造型绘制

204

（3）按规划设计进行人行道分格。分格方法按实际工程规划效果进行确定。见图 10.6。

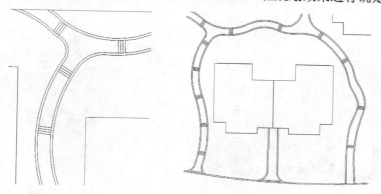

图 10.6　进行人行道分格

（4）观景广场造型绘制。绘制观景广场需要结合水景造型进行。水景造型详见下一小节介绍。其他位置的道路及广场造型绘制方法与此类似。见图 10.7。

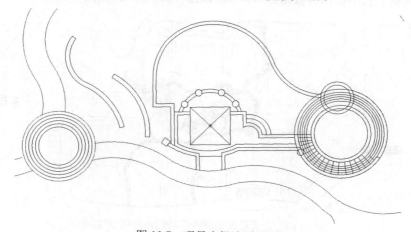

图 10.7　观景广场造型绘制

（5）进行人行道及广场铺装造型绘制。通过填充（HATCH）不同的图案得到不同的铺装效果，注意设置合适的填充比例及角度等参数。见图 10.8。

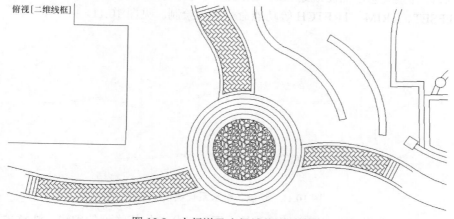

图 10.8　人行道及广场铺装造型绘制

（6）按上述方法对总平面图中其他位置的人行道和广场进行地面铺装造型填充。见图 10.9。

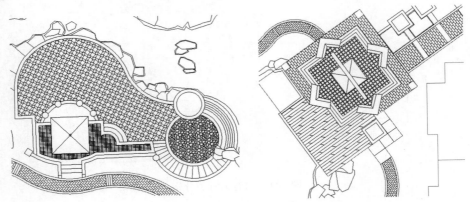

图 10.9　对其他地方进行地面铺装造型填充

（7）完成整个总平面图修改道路和广场的地面铺装绘制。见图 10.10。

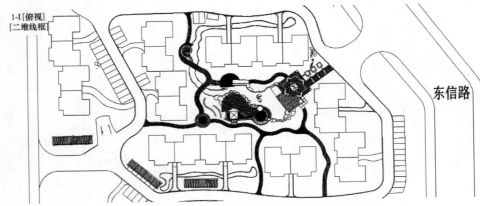

图 10.10　完成修改道路和广场的地面铺装绘制

10.1.3　园林总平面景观造型绘制强化练习（水系景观）

（1）按园林景观总平面图规划布局，绘制各个水系景观平面造型。可以使用 SPLINE、ARC、OFFSET、TRIM、TRETCH 等功能命令进行绘制。见图 10.11。

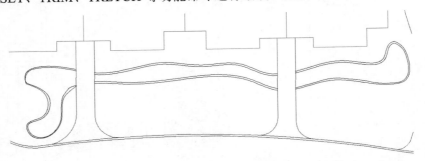

图 10.11　绘制各个水系景观平面造型

（2）然后对水系范围进行图案填充。填充图案选择与短线类型的虚线。注意填充比例、角度等参数设置。见图 10.12。

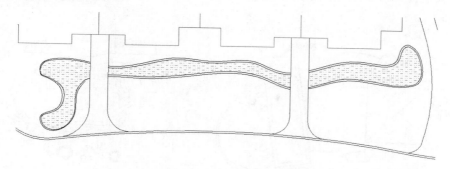

图 10.12　对水系范围进行图案填充

（3）按上述类似方法及规划设计继续绘制其他位置的水系景观造型。水系岸边的石头造型使用 PLINE、LINE、COPY 等功能命令绘制。见图 10.13。

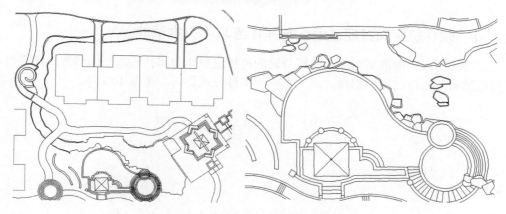

图 10.13　绘制其他位置的水系景观造型及岸边石头造型

（4）对水系景观造型填充水面造型图案。注意填充图案时，对不同方向的水面，可以设置不同的角度，得到不同的效果。也可以填充两种图案得到组合填充效果。见图 10.14。

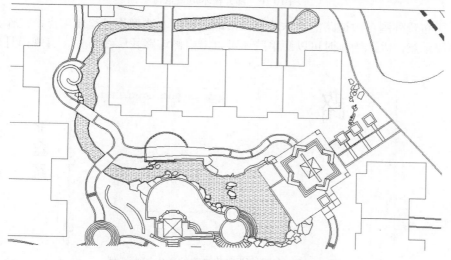

图 10.14　对水系景观造型填充水面造型图案

（5）其他位置的各种造型的水系景观同理绘制，完成总平面图中的水系景观造型绘制。见图 10.15。

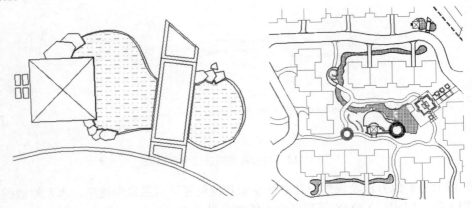

图 10.15　完成总平面图中的水系景观造型绘制

10.1.4　园林总平面景观造型绘制强化练习（树木草地）

（1）打开树木平面造型图库，选择合适的树种造型作为园林树木平面布置绘图素材。此种素材通过购买、自己绘制积累、网上下载等多种方式得到。见图 10.16。

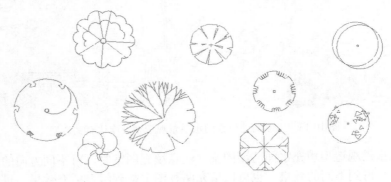

图 10.16　部分树木造型素材

（2）先布置外围市政道路的乔木造型。市政道路乔木造型不是绘制重点，仅作为外围周边绿化环境示意，因此绘制时可以简单些。可以沿内侧道路轮廓线布置，有规律且平齐。见图 10.17。

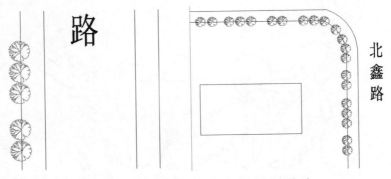

图 10.17　布置外围市政道路的乔木树木造型

（3）按上述方法进行其他位置市政园林乔木绿化绘制。复制、镜像时选择多个同时进行，可以加快布置速度。见图 10.18。

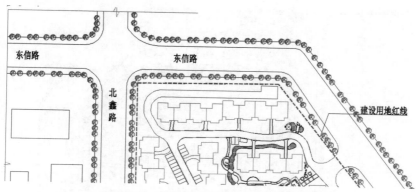

图 10.18　其他位置市政园林乔木绿化绘制

（4）布置总平面图中园林景观中的乔木平面造型。布置方法很简单，按规划设计确定的树种及其位置，对不同的树种选择不同的平面造型素材，并及时标注乔木树种名称。见图 10.19。

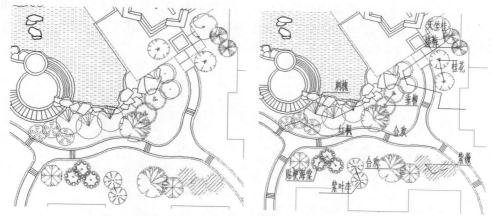

图 10.19　布置总平面图中园林景观中的乔木平面造型

（5）按上述方法及规划设计确定的乔木树种继续分区布置。见图 10.20。

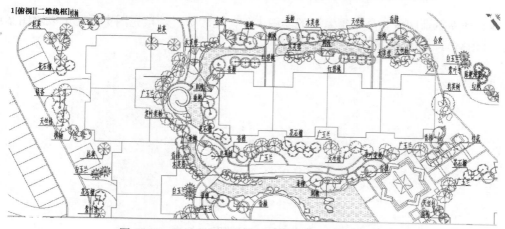

图 10.20　继续分区布置园林景观中的乔木平面造型

（6）逐步复制标注各个区域的乔木布置，直至完成总平面图中全部的乔木布置。见图 10.21。

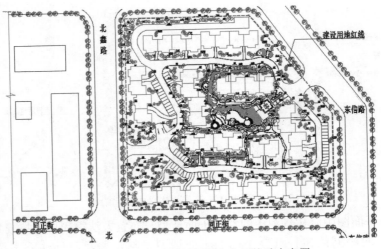

图 10.21　完成总平面图中全部的乔木布置

（7）绘制园林景观总平面图中的草地造型。草地造型通过填充图案即可得到。在填充图案时，先确定填充范围的边界是闭合的，对不闭合的区域，可以使用 SPLINE、PLINE 等功能命令绘制一个一致的闭合区域，然后再填充。见图 10.22。

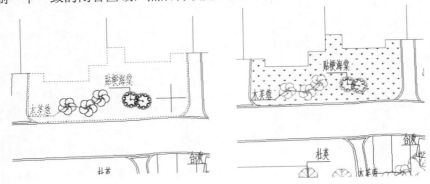

图 10.22　绘制园林景观总平面图中的草地造型

（8）填充草地图案是一项很繁杂的绘图工作，比较费时。填充图案后还可以对图案进行剪切（TRIM）。见图 10.23。

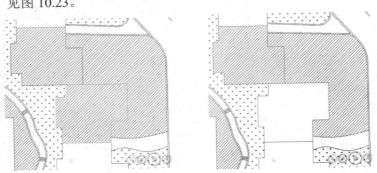

图 10.23　剪切图案操作

（9）对于范围比较大的区域，可以采用另外一种图案填充技巧，即绘制辅助线，将其划分为几个小区域进行填充，最后删除辅助线即可。此种方法可以提高大区域填充速度。见图 10.24。

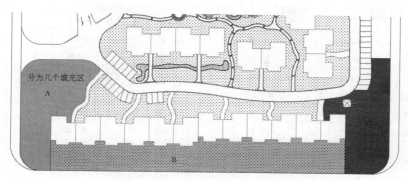

图 10.24　绘制辅助线分区域进行填充

（10）按前述方法逐一绘制即可。对复杂的区域，用 SPLINE、PLINE 功能命令绘制一遍轮廓，可提高填充速度。见图 10.25。

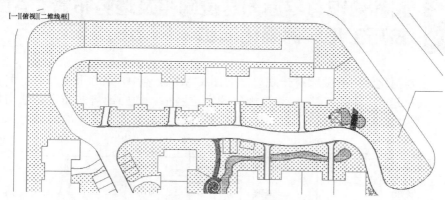

图 10.25　复杂区域的填充

（11）完成园林景观总平面图中树木及草地的布置。见图 10.26。

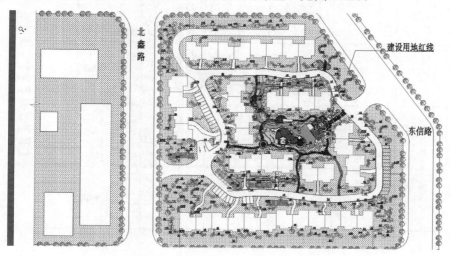

图 10.26　完成园林景观总平面图中树木及草地的布置

（12）最后，汇总园林景观总平面图中种植植物类型，绘制种植图例表。见图 10.27。

种植植物图例

编号	图例	植物名	编号	图例	植物名	编号	图例	植物名	编号	图例	植物名		
T1		皂荚树	T7		杜英	T13		桢楠	T19		紫叶李		
T2		银杏	T8		垂柳	T14		红枫	T20		红碧桃		
T3		黄葛树	T9		天竺桂	T15		木芙蓉	T21		贴梗海棠		
T4		香樟	T10		复叶栾树	T16		白玉兰	T22		紫薇		
T5		桂花	T11		合欢	T17		腊梅	T23		丛生紫荆		
T6		广玉兰	T12		刺槐	T18		花石榴	T24		斑竹		

图 10.27 绘制种植植物图例表

10.2 园林景观总平面图定位网格及地势布置 CAD 绘图技巧工程实例强化演练

本小节主要强化练习有关园林景观总平面图 CAD 绘制中，各个景观单体、种植树木、水系湖面、人行道、广场景观等景观设施位置定位网格、地面地势的布置方法与技巧。见图 10.28。

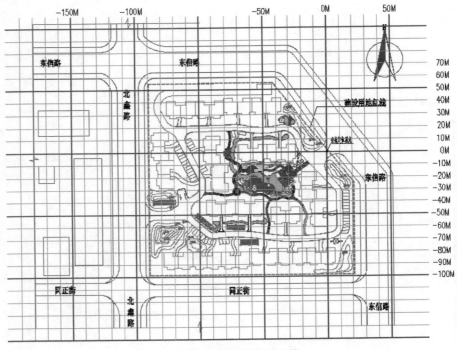

（a）园林总平面图位置定位网格

图 10.28

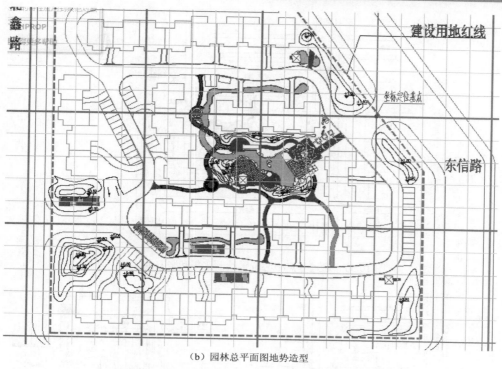

（b）园林总平面图地势造型

图 10.28　园林景观总平面布置定位网格及地势图

10.2.1　园林景观总平面图位置定位网格绘制强化练习

（1）先按地形测绘确定的坐标定位基点位置。建立新的图层（LAYER）作为定位网格图层。见图 10.29。

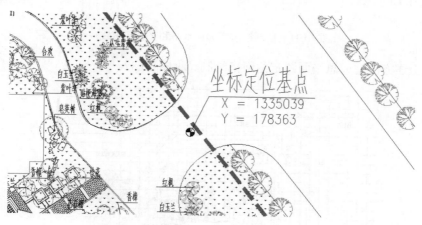

图 10.29　定位基点位置

（2）通过基点中心位置绘制水平和竖直的直线。直线可以设置为浅色，长度与总平面图大小一致。为便于观察，可以关闭一些图层（如树木）。见图 10.30。

（3）按网格密度（案例按 10m 间距）进行偏移，分别偏移水平和竖直方向的直线，然后选择多条直线进行复制，再选择前面复制的多条直线再复制，可以极大提高绘制速度。见图 10.31。

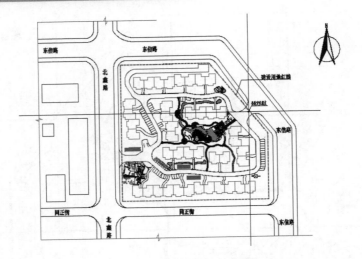

图 10.30　通过基点中心位置绘制水平和竖直的直线

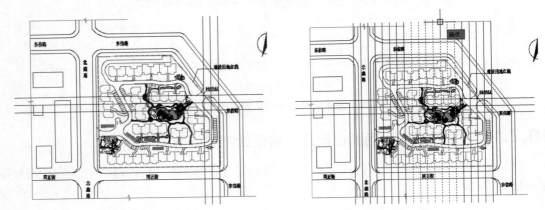

图 10.31　按网格密度偏移水平和竖直的直线

（4）按上述方法完成总平面图定位网格绘制。见图 10.32。

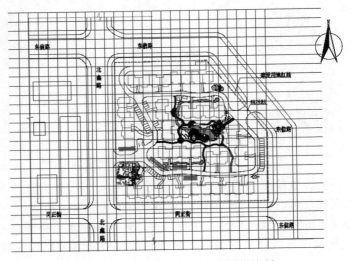

图 10.32　完成总平面图定位网格绘制

214

（5）将基点处网格线及一定间距范围（如 50m）的网格线加粗，作为主网格线，然后标注网格单位距离。见图 10.33。

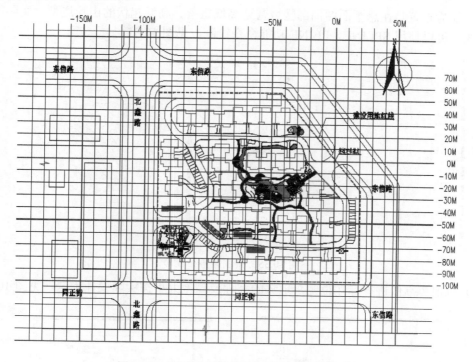

图 10.33　设置主网格线并标注网格单位距离

（6）打开其他图层观察效果。完成园林景观总平面图定位网格绘制。见图 10.34。

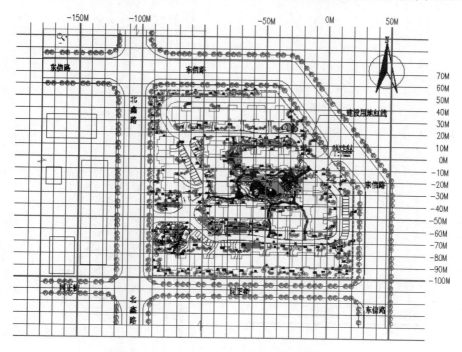

图 10.34　完成园林景观总平面图定位网格绘制

10.2.2 园林景观总平面图地势布置绘制强化练习

（1）地势布置是在总平面图局部区域营造高低错落、高低起伏的山丘造型，实际上是绘制等高线。可以使用 SPLINE、PLINE 功能命令绘制。见图 10.35。

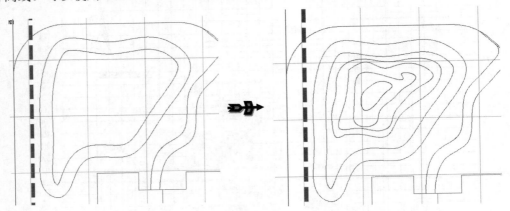

图 10.35 绘制地势布置

（2）对地势高低进行标注说明，地势的高程及高差大小按实际设计确定。见图 10.36。

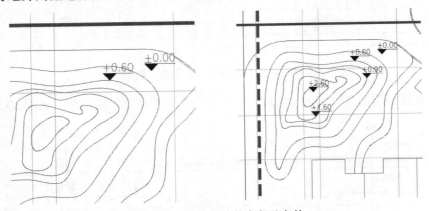

图 10.36 标注地势的高程及高差

（3）按上述方法绘制总平面图中其他位置地势造型。见图 10.37。

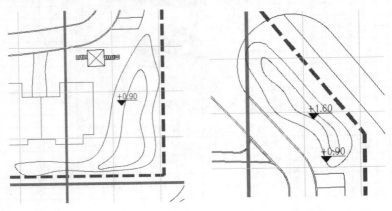

图 10.37 绘制其他位置地势造型

（4）完成整个总平面图中的地势造型等高线绘制及标注。见图 10.38。

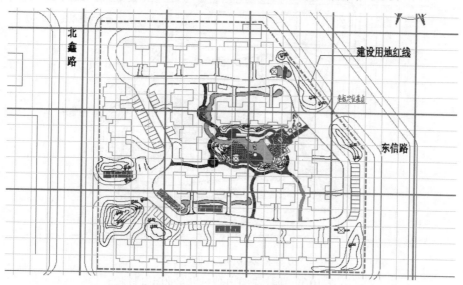

图 10.38　完成整个总平面图中的地势造型等高线绘制及标注

10.3　园林景观总平面图相关专业图纸 CAD 绘图技巧工程实例强化演练

　　本小节主要强化练习有关园林景观总平面布置图 CAD 绘制中，其他相关专业图形快速绘制的一些技巧与方法，如园林景观给排水总平面布置图、园林景观景观照明总平面布置图。此处专业图纸绘制布置方式仅作示例，不作为实际工程绘制的参考模式。实际工程按项目工程具体情况及设计计算确定。见图 10.39。

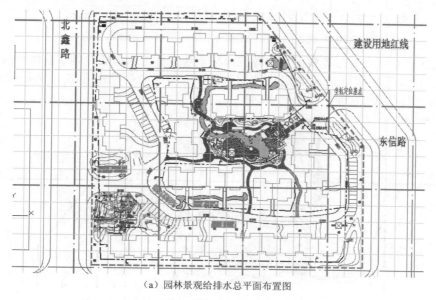

（a）园林景观给排水总平面布置图

图 10.39

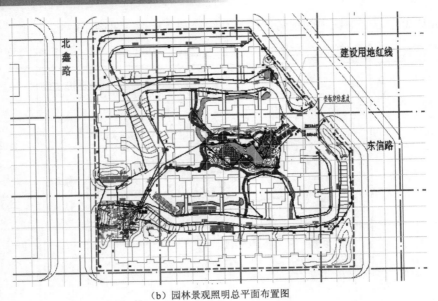

（b）园林景观照明总平面布置图

图 10.39 园林景观其他机电专业图绘制

10.3.1 园林景观给排水总平面布置图绘制强化练习

（1）确定园林景观给排水接入点管线位置，并绘制一个水表造型。见图 10.40。

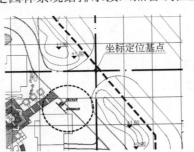 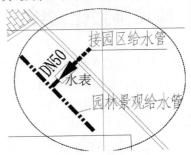

图 10.40 确定园林景观给排水接入点管线并绘制水表造型

（2）按园林景观布置，需要提供水源的园林景观进行给水管线绘制。具体管线走向方法按给排水专业及工程实际情况确定。使用 PLINE 功能命令绘制粗线，然后改变其线型（LINTYPE、LTSCALE）即可。见图 10.41。

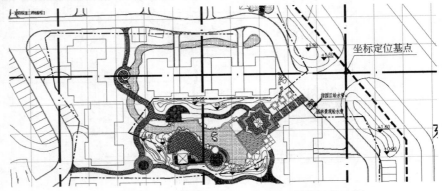

图 10.41 需要提供水源的园林景观进行给水管线绘制

（3）绘制园林景观中洒水龙头和景观水系供水龙头造型。见图 10.42。

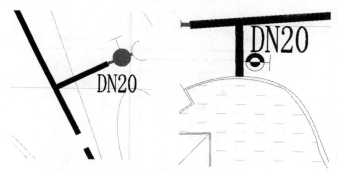

图 10.42　绘制水龙头

（4）布置园林景观总平面图中的机动车道路雨水排水口（雨水箅子）造型。见图 10.43。

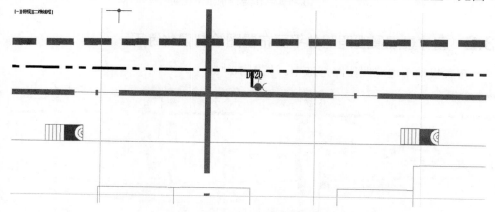

图 10.43　布置雨水排水口

（5）完成园林景观给排水总平面布置图绘制。见图 10.44。

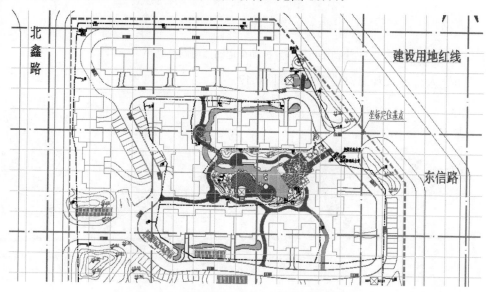

图 10.44　完成园林景观给排水总平面布置图的绘制

（6）制作园林景观给排水图例说明。见图 10.45。

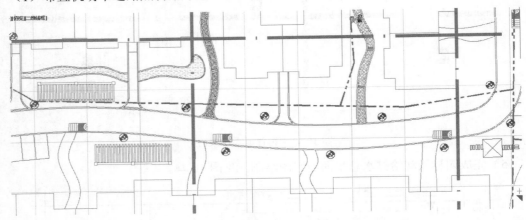

图 10.45　制作给排水图例说明

10.3.2　园林景观景观照明总平面布置图绘制强化练习

（1）布置机动车道路照明路灯造型。见图 10.46。

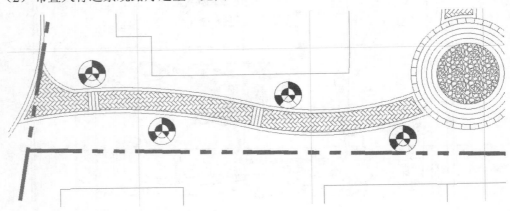

图 10.46　布置机动车道路照明路灯造型

（2）布置人行道景观路灯造型。见图 10.47。

图 10.47　布置人行道景观路灯造型

（3）布置景观照明配电箱造型。见图 10.48。

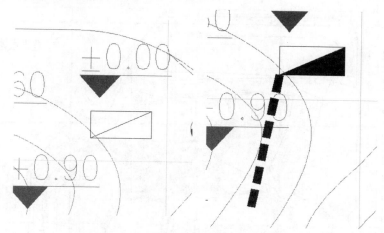

图 10.48　布置景观照明配电箱造型

（4）绘制景观灯电线。电线线型使用 PLINE 功能命令绘制，然后改变其他线型（LINETYPE、LTSCALE）即可。其他景观照明灯具布置方法与前述相似，限于篇幅，更多景观灯具具体布置在此从略。见图 10.49。

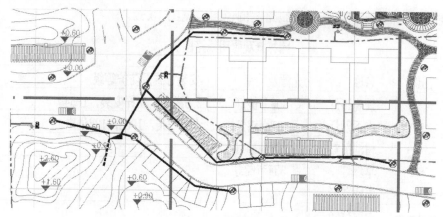

图 10.49　绘制景观灯电线

（5）布置其他位置的园林景观灯具及线路。见图 10.50。

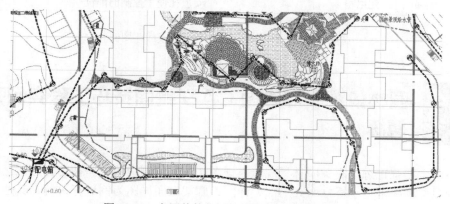

图 10.50　布置其他位置的园林景观灯具及线路

221

（6）其他线路绘制方法类似，最后绘制完成园林景观景观照明总平面布置图。见图 10.51。

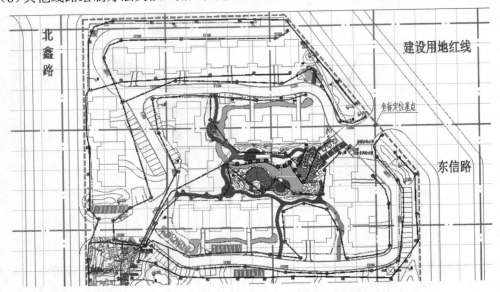

图 10.51　完成园林景观景观照明总平面布置图的绘制

（7）制作园林景观照明灯具及线路图例说明。见图 10.52。

园林景观照明线路图例

图例	名称	光源及功率	安装方式及防护等级
⊛	景观路灯	80W节能灯	2.5米高，立杆安装，IP54
◓	水下射灯	50W卤钨灯	水下安装，IP68，12V供电
⊘	树池射灯	50W金卤灯	
◉	草坪灯	35W节能灯	
-------	电线线路		
━━━━━	电线线路		
━ ━ ━	电线线路		
■	配电箱		安放在便于控制的部位

图 10.52　制作园林景观照明灯具及线路图例

10.4　园林景观节点详图 CAD 绘图技巧工程实例强化演练

本小节主要强化练习有关园林景观节点详图 CAD 绘制中的一些技巧与方法。下面分别以园林景观工程中常见小桥立面（局部）详图、廊架立面详图为例进行讲解，其他园林景观节点详图绘制方法与此类似。见图 10.53。

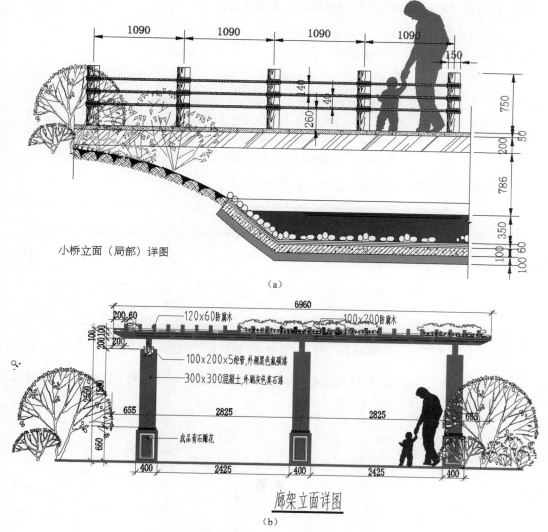

小桥立面（局部）详图

（a）

廊架立面详图

（b）

图 10.53　常见园林景观详图绘制

10.4.1　园林景观小桥立面详图绘制强化练习

（1）创建河道河床轮廓造型。先使用 PLINE、CHAMFER 等功能命令绘制其中一段，其他各段通过偏移（OFFSET）得到。见图 10.54。

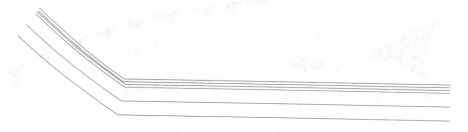

图 10.54　创建河道河床轮廓造型

223

（2）对河道河床轮廓部分区域填充图案。见图 10.55。

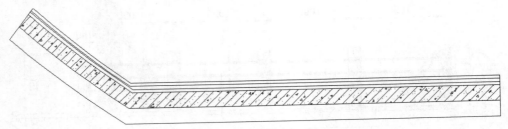

图 10.55　对河道河床轮廓部分区域填充图案

（3）勾画河道河床轮廓的水面造型。见图 10.56。

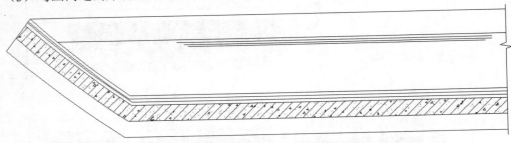

图 10.56　勾画河道河床轮廓的水面造型

（4）使用 ARC、OFFSET 等功能命令绘制岸边轮廓造型，并填充（HATCH）土壤造型图案。见图 10.57。

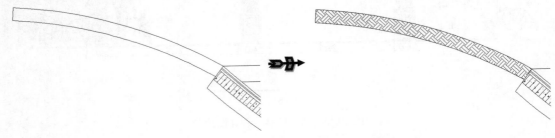

图 10.57　绘制岸边轮廓造型并填充土壤造型

（5）使用 ARC 功能命令绘制三角弧线形状图形，并填充（HATCH）实体图案（SOLID），然后进行复制、旋转（ROTATE），得到岸边土壤造型。见图 10.58。

图 10.58　绘制并填充三角弧线形状图形，得到岸边土壤造型

224

（6）布置岸边花草造型。花草造型使用已有图库，不用重新绘制。见图 10.59。

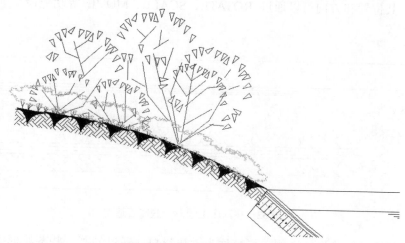

图 10.59　布置岸边花草造型

（7）创建桥面轮廓造型。此处桥面采用木质材料。见图 10.60。

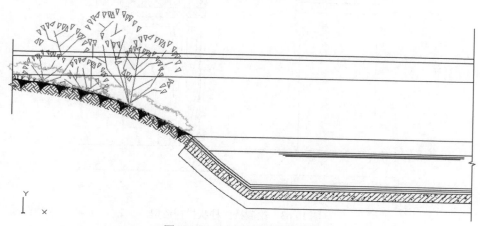

图 10.60　创建桥面轮廓造型

（8）选择合适的图案，填充（HATCH）桥面造型。填充图案时，先把岸边花草图层关闭。见图 10.61。

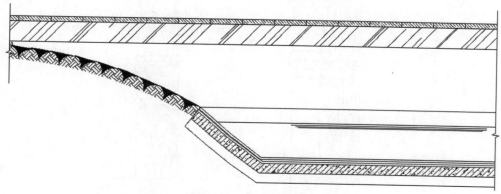

图 10.61　填充桥面造型

225

（9）在河床上绘制一些卵石造型。使用 CIRCLE、ELLIPSE、PLINE、SPLINE 等功能命令进行绘制。其位置和方向可以通过 ROTATE、SCALE、MOVE 等功能命令进行调整。见图 10.62。

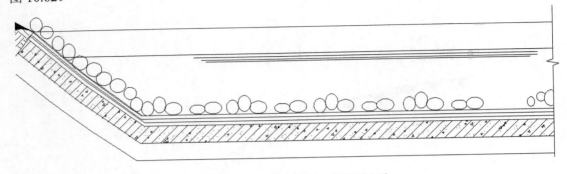

图 10.62　在河床上绘制一些卵石造型

（10）绘制桥面柱状栏杆造型。栏杆柱为木质材料，通过勾画一些条纹形成木质效果。见图 10.63。

图 10.63　绘制桥面柱状栏杆造型

（11）按上述方法绘制整根栏杆柱子造型。见图 10.64。

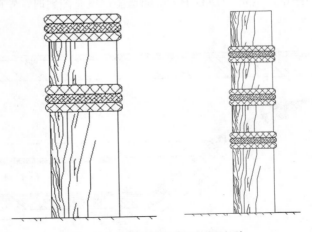

图 10.64　绘制整根栏杆柱子造型

226

（12）进行复制，得到小桥栏杆柱子造型，间距按设计确定。见图 10.65。

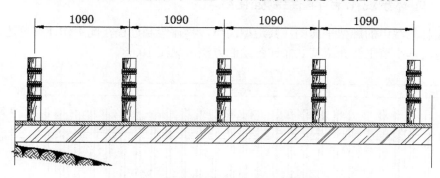

图 10.65　复制得到小桥栏杆柱子造型

（13）绘制连接栏杆柱子之间的缆绳造型。见图 10.66。

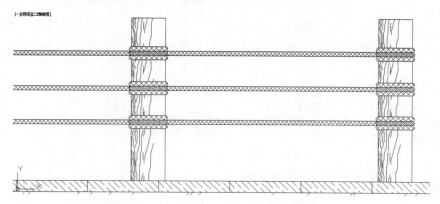

图 10.66　绘制连接栏杆柱子之间的缆绳造型

（14）标注文字、尺寸等，打开花草图层，还可以添加人物、树木的配景图案，完成小桥立面（局部）详图绘制。见图 10.67。

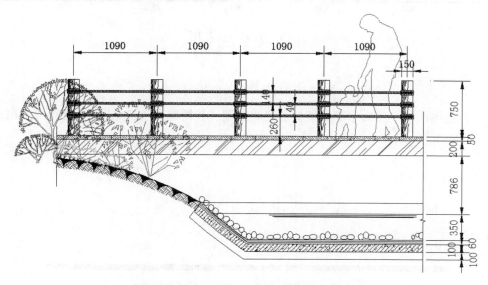

图 10.67　完成小桥立面（局部）详图绘制

10.4.2 园林景观花架详图绘制强化练习

对于园林景观中的廊架平面图，其造型简单，具体绘制过程在此不作详细论述，读者可以自行练习，本小节主要介绍其立面详图绘制方法。见图10.68。

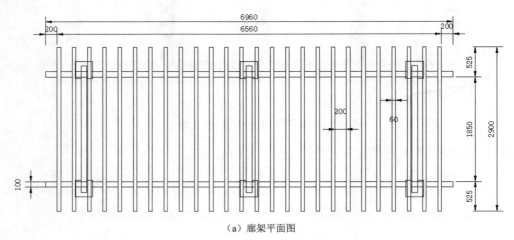

（a）廊架平面图

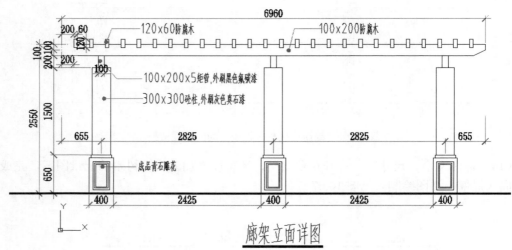

（b）廊架立面详图

图 10.68　廊架平面图和立面详图

（1）创建地面线，然后绘制廊架柱子底座造型（其轮廓大小参见图10.68）。见图10.69。

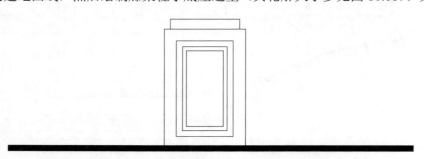

图 10.69　创建地面线，绘制廊架柱子底座造型

228

（2）绘制廊架柱子上部轮廓，然后创建廊架顶部横梁造型。见图 10.70。

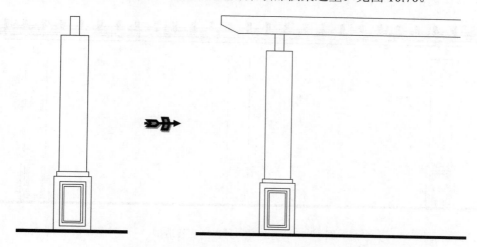

图 10.70　绘制廊架柱子上部轮廓，创建顶部横梁造型

（3）按廊架大小复制得到中间的柱子，在顶部横梁绘制廊架小架子截面。见图 10.71。

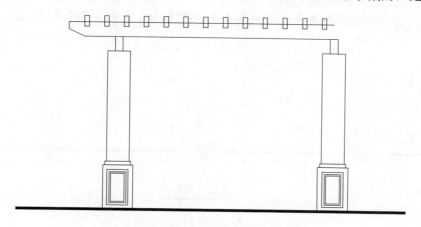

图 10.71　复制得到中间的柱子，在顶部横梁绘制廊架小架子截面

（4）对廊架顶部木架造型填充图案。见图 10.72。

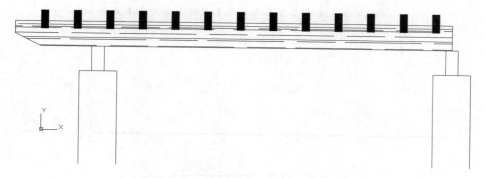

图 10.72　对廊架顶部木架造型填充图案

（5）进行镜像得到廊架另外对称一侧的廊架造型。见图 10.73。

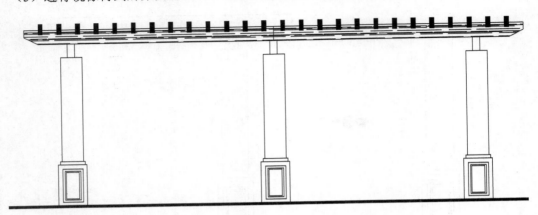

图 10.73　镜像得到另一侧廊架造型

（6）标注廊架构造做法说明文字、尺寸等，完成廊架立面详图绘制。见图 10.74。

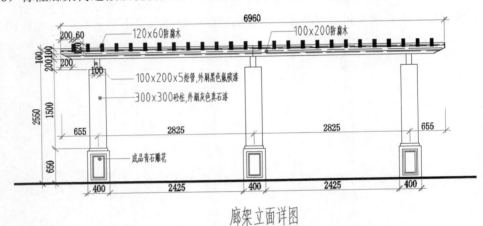

廊架立面详图

图 10.74　完成廊架立面详图绘制

（7）还可以添加一些立面配景图进行美化，包括人物、花草、树木等。见图 10.75。

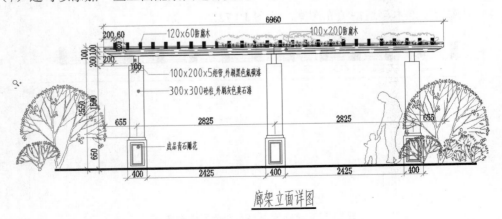

廊架立面详图

图 10.75　添加立面配景图进行美化